L'homme qui faisait parler les tombes

L'AUTEUR

Patrice Georges-Zimmermann est archéoanthropologue à l'Institut national de recherches archéologiques préventives (Inrap) et membre permanent de l'UMR 5608 du CNRS TRACES (Travaux et recherches archéologiques sur les cultures, les espaces et les sociétés) – équipes Pôle Afrique et Terrae. Ses recherches portent principalement sur les pratiques funéraires, en France comme à l'étranger, notamment en Égypte où il dirige la mission archéologique française de Bouto/Tell el-Fara'in. Réserviste de la Gendarmerie nationale et spécialiste de l'archéologie « forensique », il officie comme expert auprès des tribunaux et aide les enquêteurs dans des affaires criminelles contemporaines. Il a notamment travaillé avec le 17e régiment du génie parachutiste de Montauban sur les techniques de recherche et de fouille de charniers en zone de guerre.

Patrice Georges-Zimmermann

L'homme qui faisait parler les tombes

L'incroyable quête d'un archéologue dans un cimetière oublié

Robert Laffont

Ouvrage publié par Camille Racine

ISBN 978-2-221-27940-3
Dépôt légal : juin 2025
Éditions Robert Laffont – 92, avenue de France, 75013 Paris
contact@robert-laffont.com

Au moins existe-t-il une nouvelle école d'archéologues, associés aux anthropologues, qui s'appliquent, sinon à rendre aux ossements leur statut d'êtres humains, du moins à les traiter comme des objets d'étude auxquels on s'intéresse pour eux-mêmes. Une des tâches qui attendent ces archéologues sera de reconnaître la trace des différents temps funéraires, et d'observer leurs relations. Tâche passionnante : dans les ensembles sépulcraux, la stratigraphie ne se réduit pas à la lecture austère d'abstractions sédimentologiques ; on peut y déchiffrer ce que valent, et ce que durent, les sentiments humains.

Jean Leclerc, « La notion de sépulture[1] »

1. In *Bulletins et mémoires de la société d'anthropologie de Paris*, 1990, 2-3-4, p. 17.

Avertissement

Seuls les noms des personnes médiatisées ou dont la fonction publique a été essentielle au dossier figurent dans le récit qui suit. Pour les autres, en particulier mes collègues, leur identité s'arrête au prénom. Ce qui n'enlève rien de leur importance dans le dossier.

« Nous fouillons, c'est votre histoire[1] »

Vous êtes-vous déjà demandé comment votre entourage, vos voisins, les amis d'une soirée vous perçoivent ? Comment ils vous imaginent dans votre travail ? Me concernant, je sais. Et c'est souvent très flatteur, d'autant plus que c'est loin de la réalité. Il suffit que j'envoie une photographie des Pyrénées ou que j'évoque un pays pour que l'on me voie dans une expédition exotique. Je suis archéologue depuis plus de vingt-cinq ans. Je travaille dans un institut public connu pour les nombreuses découvertes dont les médias se font l'écho chaque année : l'Institut national de recherches archéologiques préventives, l'Inrap. Dans « recherches archéologiques », mots qui éclipsent tous les autres, aussi importants soient-ils, il ne faut pas se figurer une chasse au trésor dans des

1. Slogan de l'Inrap.

contrées éloignées. C'est plus intéressant que ça. Et beaucoup plus près de chez vous que vous ne le pensez. Mes collègues et moi sommes dans vos villages, vos villes, le long des routes et dans les champs, partout où les aménagements risquent de détruire les vestiges des gens qui nous ont précédés au fil de l'Histoire. Mes collègues et moi fouillons ce que les bulldozers feraient disparaître à tout jamais si on les laissait faire. Ce n'est pas une mince affaire. Pour vous en convaincre, regardez autour de vous les travaux qui, comme autant de cicatrices indélébiles sur nos territoires, ont été réalisés ces dernières années. Depuis trente ans, on artificialise entre cinquante mille et soixante mille hectares chaque année. Ça ne vous parle pas ? Et si je vous dis que c'est l'équivalent d'un terrain de foot toutes les sept minutes ? Effrayant, non ? Dans cette marche débridée de l'aménagement de la planète, la France fait figure d'exception. Elle a mis au point un instrument pour que les traces de nos ancêtres ne disparaissent pas toutes dans l'indifférence. C'est ce qu'on appelle l'archéologie préventive. C'est un compromis comme il n'en existe nulle part au monde. On peut le traduire de la sorte : « Aménageurs, construisez, mais laissez-nous l'opportunité de comprendre les traces des sociétés du passé. » Le rythme effréné des aménagements fait disparaître de plus en plus de sites. C'est donc la moins mauvaise des méthodes. Et tous les sites ne méritent pas d'être conservés ou présentés. Bien évidemment, les aménageurs, qui sont souvent des élus locaux, trouvent nos interventions toujours trop chères. Ceux-là mêmes qui s'extasient sur les antiquités des musées nationaux n'ont généralement guère de considération pour ce que leur territoire regorge en termes de richesses archéologiques. Quelques pierres taillées ne font que très rarement le poids par rapport à un rond-point. Heureusement, la plupart des gens ne sont pas de cet avis. Quant aux délais, oubliez les archéologues qui arrêtent les travaux. Nous passons avant, toujours. Mais nous sommes de parfaits boucs émissaires.

À la question « Et vous, que faites-vous dans la vie ? », la réponse véhicule toujours la même petite musique, comme une rengaine, sur les vocations de l'enfance, l'exotisme des civilisations perdues et des richesses oubliées. On n'envisage pas d'avoir des archéologues autour de soi. Il y en a pourtant plus qui travaillent en France qu'en Égypte tous pays confondus. C'est même sans commune mesure. On les retrouve en amont des chantiers de construction, entre engins mécaniques et aménagements préparatoires. Mais l'étonnement va grandissant quand j'explique

que, depuis quelque temps, les archéologues n'interviennent plus seulement sur des civilisations lointaines. Le passé récent, très récent même, est aussi pris en compte. Walter Benjamin a écrit : « Les vivants se découvrent à chaque fois au midi de l'histoire. Ils sont tenus d'apprêter un repas pour le passé. L'historien est le héraut qui invite les morts au festin[1]. » Les archéologues ne sont plus relégués dans les cuisines. Ils dressent maintenant la table et font aussi le menu.

Ça a commencé avec les vestiges de la Première Guerre mondiale, ensuite les archéologues ont dévalé le temps comme on nage en se laissant porter par le courant. Récemment, en 2022 pour être plus précis, mon institut a été mandaté pour retrouver un cimetière harki oublié, celui du camp de Saint-Maurice-l'Ardoise, dans le Gard, dont nombre de familles n'avaient pas connaissance. Par autorisation préfectorale, cette opération archéologique m'a été confiée. Du jour au lendemain, après avoir fait des recherches dans une magnifique abbaye[2] médiévale du Gers, j'ai

1. Walter Benjamin, *Sur le concept d'histoire*.

2. L'abbaye cistercienne de Flaran, à Valence-sur-Baïse, projetait quelques aménagements très localisés. À la demande de son conservateur et sur prescription du service régional de l'archéologie, j'ai réalisé un diagnostic archéologique sur

été plongé dans la tristesse de l'exil, la souffrance et la mort liées à des conditions de vie inhumaines. Depuis, je fais partie d'un tout qui tente de réparer tant bien que mal ce que la France a fait à des gens qui ont tout abandonné en traversant la Méditerranée il y a plus de soixante ans. La justice par la truelle en quelque sorte. Et faire l'archéologie d'une période dont les témoins sont encore vivants, ce n'est pas si évident quand vous avez passé l'essentiel de vos études à vous intéresser aux périodes anciennes.

J'ai cinquante-cinq ans. Je vous épargne le calcul, je suis né huit ans après les accords d'Évian, jalon de fin de la guerre d'Algérie. Aucun membre de ma famille n'a été impliqué, de près ou de loin, dans ce que l'État français appelait alors « les événements ». Et pour cause. Une moitié de ma famille est allemande. Quant à mon ascendance française, mon grand-père, reconnu comme résistant, était trop vieux pour aller combattre en Algérie et mon père trop jeune. Ont-ils perçu la chance d'avoir échappé à ce conflit ? Pas sûr. Peut-être même qu'ils auraient aimé en découdre dans les Aurès si j'en crois la bibliothèque familiale. Quoi qu'il en soit, ils y ont échappé, comme quand

l'ensemble de l'abbaye. J'ai notamment retrouvé le cimetière près de l'église.

l'orage d'été passe à côté, sans calcul, ni courage. Mon père découvrira tout de même l'Algérie peu de temps après la guerre. Engagé dans les troupes aéroportées cinq ans après, c'est pendu à un parachute qu'il voit le sud du pays se déployer sous lui ; la France y avait encore des liens et des intérêts malgré l'indépendance toute fraîche. Mon rapport à l'Algérie s'est donc résumé durant mon adolescence à des descriptions émerveillées des dunes de Béchar (anciennement Colomb-Béchard). C'est vraisemblablement la première graine d'orientalisme qui germera plus tard au gré de mes voyages estudiantins et de mes aventures professionnelles jusqu'en Égypte. Sans compter le goûter de fin d'année à l'école primaire que la mère de Rachid agrémentait de ses propres gâteaux. Proust n'a qu'à bien se tenir. Ses madeleines, on le sait maintenant, ne sont qu'une pure invention littéraire. Les miennes sont réelles. Ce sont des *zlabias* dont le miel tapisse le palais à chaque bouchée. Aucun traumatisme donc, ni d'affect particulier par rapport à l'Algérie, bien au contraire. D'autant que la guerre d'Algérie elle-même, je n'en ai eu longtemps qu'une vague idée jusqu'à la fac. Mais rien ne m'avait été dit sur les harkis, terme générique dont je vais découvrir ce qu'il cache comme souffrances et destins différents. Jusqu'alors, cette guerre avait le visage des porte-drapeaux des commémorations du 11 Novembre de mon village, sans que les enfants des écoles convoqués pour l'occasion en aient perçu un quelconque anachronisme. Je n'ai véritablement découvert comment les harkis ont été maltraités par la France qu'il y a trois ans. Quelle déception alors qu'au même moment je m'étonnais du triste sort que l'on réservait aux Afghans qui avaient aidé la France !

Le 18 mars 1962, les accords d'Évian, négociés et signés dans le secret, ont sonné le départ d'Algérie, entre autres, de dizaines de milliers de harkis et de leurs familles de leur pays de naissance. Ils sont installés dans leur pays de choix dans ce que les autorités françaises d'alors dénomment des « camps de transit et de reclassement ». En plus de celui de Saint-Maurice-l'Ardoise dans le Gard, il y en a eu six disséminés globalement dans une moitié sud de la France : Bias dans le Lot-et-Garonne, Bourg-Lastic dans le Puy-de-Dôme, La Rye-Le Vigeant dans la Vienne, La Cavalerie dans l'Aveyron et enfin, le plus connu, Rivesaltes dans les Pyrénées-Orientales. Ce centre d'accueil a en effet hébergé environ 21 000 personnes entre 1962 et 1965 dans des conditions, à l'instar des autres centres, particulièrement précaires. Ces camps – des villages de tentes au départ – ont la particularité d'être gérés par l'armée. De l'extérieur, tout laisse croire que les harkis ne sont pas les bienvenus. À l'intérieur, ce n'est pas mieux. Les conditions sanitaires sont des plus déplorables. Quel que soit le nom que vous lui donnez, un camp reste à camp. Et celui de Saint-Maurice-l'Ardoise en est un. Il a auparavant servi à interner les républicains espagnols, puis des prisonniers allemands et des soldats de l'Axe, des militants du FLN et enfin des partisans de l'OAS.

Le 20 septembre 2021, des harkis et leurs enfants se pressent à l'Élysée. Eux, les abandonnés de la France, les déclassés, vont pouvoir écouter le discours du président de la République. Ils sont aux premières loges. C'est leur journée. Ils sont venus pour entendre un mot. Ils le savent, il va être prononcé. Mais quand ? À quel détour de phrase ? Ils ne vont pas être déçus. « Aux combattants abandonnés, à leurs familles, qui ont subi les camps, la prison, le déni, clame Emmanuel Macron, je demande pardon. Nous n'oublierons pas. » Emmanuel Macron évoque alors également une loi de reconnaissance et de dédommagement. Or, dans ce dossier douloureux, certains ne cherchent pas de reconnaissance ou de l'argent... mais tout simplement un proche. La réparation envers les harkis passe en effet par la (re)découverte de ceux qui, un jour d'hiver 1962-1963, ont été enterrés dans un des cimetières qui ont été oubliés, un de ceux dont la mémoire a perdu la trace. Ce qui en soi est significatif de l'attention que notre pays a portée à ces gens. Faut-il rappeler que ces individus et leurs familles ont sinon aidé la France, tout du moins choisi son camp ? Ça aurait dû être suffisant pour en faire des citoyens à part entière. Ça n'a pas été le cas, loin s'en faut.

En recherchant les tombes du cimetière du camp de Saint-Maurice-l'Ardoise (ou « Camp de l'Ardoise »), je vais être, avec mon collègue Bertrand, à qui j'ai demandé de m'accompagner sur le terrain, le dernier rouage d'une machine dont je ne mesure pas alors tout à fait la complexité : l'État. Jusqu'à ce moment de ma carrière, j'avais eu la chance de m'en tenir éloigné. Je m'en suis toujours méfié tant je sais comment chacun des services peut être une cause de grippage intempestif. Mais, dans ce dossier, à ma grande surprise il est vrai, l'État va montrer comment sa toute-puissance peut s'exercer et être bénéfique. Les services et leurs représentants n'auront qu'un but : tout faire pour faciliter les recherches diligentées par l'Office national des combattants et des victimes de guerre (ONaCVG). La ministre chargée de la Mémoire et des Anciens combattants, déléguée auprès du ministre des Armées, sera ma puissance tutélaire.

Quand j'arrive pour la première fois dans la commune de Laudun-l'Ardoise, à la fin du mois de février 2022, le terrain a été préparé. La végétation a été coupée pour nous permettre de pénétrer dans le sous-bois. L'engin mécanique indispensable aux recherches est là, avec son chauffeur. Je comprends que le discours du président de la République n'était pas des paroles en l'air. La France souhaite vraiment réparer. Je vais pouvoir y contribuer avec l'aide de mon collègue Bertrand en faisant ce que je sais faire de mieux : mettre en œuvre les moyens de recherches des tombes et les localiser. C'est depuis ce jour que Bertrand nous appelle les « harkiologues ».

Les squelettes ont la parole

On me demande souvent comment je suis devenu archéologue. Je le suis devenu soudainement, comme on entre en religion. Une révélation comme une évidence. Une conversion à l'âge adulte, très tardive. De celles qui sont faites après mûre réflexion, pour les bonnes raisons, les plus sûres des conversions sans nul doute, loin du caprice d'enfant. Nulle vocation précoce ne m'a guidé. Je ne suis pas de ceux qui, gamins, ont farfouillé la terre à la recherche de trésors imaginaires. Ceux-là seraient d'ailleurs sans doute déçus s'ils connaissaient les réalités de mon métier. Beaucoup me parlent de leur rêve de jeunesse, y compris certains collègues. J'ai pour ma part rencontré la discipline archéologique dans un cursus en histoire déjà bien avancé. De façon assez surprenante, dans les années 1990, une initiation à cette discipline avait réussi à s'imposer dans la faculté d'histoire d'Orléans, alors assez conservatrice dans sa manière d'enseigner l'histoire. Cela peut paraître curieux, mais, à cette époque, nombre de médiévistes regardaient les archéologues comme de doux rêveurs n'intervenant *in fine* que sur des sujets anecdotiques. Ils ne considéraient pas vraiment l'archéologie comme une discipline à part entière. Tout au plus pouvait-elle apporter des informations aux historiens ; cette vision, aujourd'hui, est complètement dépassée. L'archéologue nous faisait des cours théoriques qui n'avaient pas le formalisme des enseignements en histoire. Il cassait les codes de l'université. Et son enseignement se prolongeait par un stage de fouille, juste avant l'été. Les examens passés, l'esprit léger, c'est dans le camping d'un petit village du nord du département du Loiret que mes camarades et moi avons planté les tentes. Une ville antique n'attendait que nous pour être révélée. C'est tout du moins l'impression que nous en avions. Les vestiges étaient invisibles au commun des mortels, mais depuis quelques mois, je faisais partie des initiés. Déchiffrer les reliefs du paysage trahissant dans le sous-sol la présence de ruines me paraissait, à tort, être un jeu d'enfant, guidé par mon imagination.

C'est durant ce « chantier-école » que j'ai porté mes premiers coups de truelle, à un âge où la plupart de mes collègues avaient déjà une expérience de la chose, parfois même professionnellement. Je ne devrais donc pas me vanter de ces moments, mais oublier ce premier contact avec la terre serait me trahir. Depuis, la terre, je ne la trouve pas sale. J'aime la toucher, la sentir, surtout quand j'y déverse de l'eau pour pouvoir plus facilement y enfoncer mes outils, pas seulement la truelle. Je découvre alors que l'archéologie est une discipline physique, avec une préférence pour la pioche plutôt que pour la pelle. L'archéologie, je ne l'avais approchée jusqu'alors que sur une chaise, derrière une table. Je la vivais dans mes chairs, douloureusement. Mes mains d'étudiant n'ont pas tardé à avoir des ampoules qui deviendront de la corne, comme autant de décorations d'un vieux soldat fier de ses premières batailles. J'ai adoré l'université. Mais être sur le terrain a sans doute été la plus belle découverte de mon long cursus universitaire. Mes camarades et moi intellectualisions nos gestes sous l'œil goguenard de notre encadrant, sachant que nos théories et tentatives d'interprétation se heurtaient aux réalités du terrain.

Cette première expérience archéologique a eu le mérite de me faire comprendre qu'il existait un autre moyen de faire de l'histoire. Les « archives du sol », comme aiment à les appeler les archéologues, s'avèrent aujourd'hui tout aussi importantes que les sources écrites. Elles ont l'avantage de vous coller aux réalités de la vie quotidienne. On voit ce que les gens du passé ont mangé, où ils ont dormi, comment ils ont construit leurs maisons, de quelle manière ils se sont occupés de leurs morts, etc.

Avec la foi du nouveau converti, je décide alors de m'inscrire en archéologie. Ma maîtrise d'histoire m'oblige à aller à Paris où j'arpente en terrain conquis les rayons des Archives nationales et de la Bibliothèque nationale. Je trouve sans mal le temps de suivre les cours de licence en archéologie à Paris 1. Ils se déroulent à l'Institut d'art et d'archéologie que tous les archéologues connaissent sous le nom de « Michelet ». Pour m'y rendre, je déambule dans une capitale que je commence à connaître de mieux en mieux. Je fais le lien entre des quartiers et finis toujours par retrouver Michelet. À côté des jardins du Luxembourg, l'endroit est une invitation au voyage, dans l'espace et le temps. Ce bâtiment en brique rouge qui rappelle l'architecture mauresque offre aux passants des bas-reliefs composés de moulages en terre cuite de toutes les périodes de l'histoire. Le bâtiment est impressionnant. Il détonne dans un quartier bourgeois. C'est un temple dont il faut pousser la lourde porte pour accéder au hall. Pas une fois je n'y suis entré sans prendre le temps d'observer la frise archéologique. C'est encore le cas quand j'y suis invité pour présenter mes travaux.

C'est à Michelet, attiré par un titre accrocheur, donc un peu par hasard il est vrai, que je découvre une nouvelle façon d'étudier les sépultures. Cette approche, encore trop peu utilisée en dehors de la France et des chercheurs français, consiste à étudier les squelettes là où on les trouve. À l'époque, c'est une révolution. Auparavant, les anthropologues, les spécialistes de l'étude des ossements humains, se cantonnaient dans les laboratoires ; ils attendaient les os que les archéologues dégageaient eux-mêmes. Et ces derniers, il faut bien le dire, s'intéressaient plus aux objets qui les accompagnaient qu'aux squelettes, raison d'être de la sépulture cependant. Les archéologues fouillaient les tombes, prélevaient les os, mais ils étaient rarement décrits *in situ*. Ils les prélevaient pour les confier à des scientifiques en blouse blanche. En d'autres termes, ils se débarrassaient, avec respect certes mais sans véritable intérêt, des restes de nos ancêtres. Le travail de l'anthropologue, qui déviait surtout vers des considérations physiques (pour ne pas dire raciales pendant de longues décennies), n'était que très rarement en rapport avec des questions d'ordre historique et en tout cas loin des questions que posait le site archéologique. On mesurait, en particulier, les crânes, on classait, et du coup on comparait les individus sur la base d'indices obscurs qui ont rempli pendant des décennies des colonnes de tableaux que plus personne ne lit. Quelle que soit la période étudiée, les questionnements étaient les mêmes. Alors qu'il est à l'origine de la tombe, l'individu n'avait donc pas du tout l'attention qu'il méritait. À tel point, comme l'a souvent dit Henri Duday dans ses cours, qu'on aurait pu imaginer que la tombe était faite pour y déposer des objets, avec le défunt comme accompagnement. Les contextes funéraires, prisés des archéologues en raison des beaux artefacts qu'ils recèlent, souvent entiers – ce qui n'est généralement pas le cas dans les autres contextes archéologiques –, n'étaient pas appréhendés de la meilleure des façons.

À Michelet, puis à Dijon et Bordeaux après, avant Poitiers, puis Toulouse, j'ai eu la chance de voir, connaître et suivre les enseignements des pionniers qui ont développé une autre approche de l'étude des sépultures. Dans les pas d'André Leroi-Gourhan, préhistorien et penseur de renom, le premier à comprendre que la position des os reflète les modalités de décomposition des corps, les os sont devenus les archives des archéologues. Elles permettent de remonter aux modalités de dépôt des corps, de comprendre comment ils se sont décomposés, même là où l'on ne voit *a priori* rien d'autre que des os. Cette méthodologie, portée par des figures charismatiques et le développement de l'archéologie préventive, prendra un essor incroyable au cours des années 1990. Une nouvelle école d'archéologues va alors émerger. Les ossements seront leur objet d'étude, pour ce qu'ils vont certes révéler des individus eux-mêmes, mais aussi pour ce qu'ils nous disent des gens qui ont pris soin de leurs proches au cours des siècles. « Tâche passionnante, écrit Jean Leclerc : dans les ensembles sépulcraux, la stratigraphie ne se réduit pas à la lecture austère d'abstractions sédimentologiques ; on peut y déchiffrer ce que valent, et ce que durent, les sentiments humains[1]. »

L'anthropologue est aujourd'hui avant tout un archéologue. Étudier les os dans la tombe où le corps a été placé, c'est la possibilité de révéler ce qui a disparu. En lisant beaucoup plus tard les *Mémoires d'Hadrien* de Marguerite Yourcenar, je

1. Jean Leclerc, *op. cit.*

tomberai sur une phrase notée dans son carnet de notes qui me sert depuis de guide : « Refaire du dedans ce que les archéologues du XIXe siècle ont fait du dehors. »

En ne voyant que des squelettes « nus », on a longtemps cru, par exemple, qu'au Moyen Âge les gens étaient enterrés à même la terre, sans protection ni artifice. Avec cette méthode, on sait aujourd'hui que ce n'était pas le cas. Et vous seriez surpris de la diversité des dispositifs qui ont été mis en place pour préserver le défunt dans sa dernière demeure. On pense naturellement au cercueil, sans en imaginer tous les types existants, mais ça va bien au-delà. Et c'est valable aussi pour les autres périodes, y compris les plus anciennes. L'homme n'a en fait que très rarement enterré ses congénères à même le sol, sans qu'ils soient préservés de la terre. Fouiller des tombes, c'est pénétrer un monde passionnant si peu qu'on soit armé pour le révéler. Mais c'est aussi parfois se confronter au malheur, à la souffrance, de ceux que l'on découvre et de ceux qui sont restés.

Lors de mon premier séjour à Alexandrie, j'ai visité la synagogue. Elle avait été ouverte pour un groupe d'Alexandrines qui s'étaient réfugiées aux États-Unis après la crise du canal de Suez. Elles revenaient sur le lieu de leur jeunesse perdue. Sachant que j'étais archéologue, l'une d'entre elles m'avait alors dit : « Alexandrie est une ville chargée d'histoire, mais ce sont les gens qui font la ville, ne l'oubliez jamais. » Je ne l'oublie pas. Être archéologue, c'est penser aux gens, s'en soucier, sur les terrains (nous travaillons en équipe) multiplier les rencontres. Elles sont souvent très marquantes. Celles du dossier des tombes oubliées de Saint-Maurice-l'Ardoise n'ont pas dérogé à la règle. Ma vie s'en est trouvée en quelque sorte bouleversée.

Le combat de Nadia

Ce que beaucoup ne savent pas, ou feignent d'oublier, c'est le nom de la personne à l'origine de cette histoire. La presse en a certes parlé, mais dans les réunions publiques et les visites officielles, elle est totalement invisibilisée parmi les autorités et les représentants associatifs professionnels. Et son tempérament ne la pousse pas à se mettre en avant. Il s'agit de Nadia Ghouafria. Ses parents ont transité par le camp de Saint-Maurice-l'Ardoise en arrivant d'Algérie en novembre 1962. Elle n'a pas connu le camp. Le combat qu'elle mène pourrait la classer de fait du côté des militantes, mais Nadia est bien plus que ça. Nadia, la douleur vécue par les autres l'insupporte. C'est une écorchée vive. Elle aurait pu affronter une autre injustice – elle y aurait mis la même énergie –, mais quand on est fille de harkis, difficile d'échapper à ce dossier. L'histoire du camp la révolte. Elle en a fait un combat. Elle cherche à comprendre, pour elle, pour les autres, comment on a pu parquer des gens dans des conditions aussi effroyables.

Nadia a engagé ses propres recherches en se rendant régulièrement aux archives départementales du Gard. Ce grand bâtiment moderne est impressionnant. Il comprend une immense salle de lecture dont les vitres du fond apportent une lumière suffisante, mais pas excessive, juste ce qu'il faut pour un environnement de travail complètement à l'opposé du bureau de collectionneur de parchemins. Pour être allé de nombreuses fois dans ce genre d'endroits, je n'ai aucune peine à imaginer les gestes qu'elle a effectués, l'émotion qu'elle a ressentie. Dans un univers qui n'était pas le sien, elle n'a pas dû se sentir à l'aise avant une longue acclimatation. Rentrer « aux archives » est impressionnant ; cela relève d'un rituel immuable. Il faut s'avancer, choisir son casier pour y déposer ses affaires, seule façon d'accéder à la salle de lecture. On évoque des raisons de sécurité ; le vol est la hantise des conservateurs – ils ont en effet tous des histoires de larcin à raconter. Pourtant, je crois que la vérité est ailleurs. Cette étape est un sas entre deux mondes. Il faut se décharger de tout ce qui pourrait interférer avec le passé. À une autre époque, dans un autre temps, on aurait fait des offrandes.

Une fois dans la salle, Nadia regarde autour d'elle. Elle est entourée des rares étudiants qui osent s'aventurer dans la voie des recherches en histoire. Ils sont jeunes, mais ont la chic allure désuète des plus vieux habitués des lieux. Ceux-là sont l'espèce la plus abondante. Leur quête consiste à placer des noms sur les branches de leur arbre généalogique. Tout le monde se voit, personne ne se regarde. Les heures sont précieuses. Chacun vit dans sa bulle temporelle. Ceux qui s'échinent à décrypter les écritures anciennes sont à peine perturbés par ceux qui font tourner frénétiquement les lecteurs de microfilms. Les accélérations intempestives dans le défilement traduisent l'impatience de voir apparaître sur les bandes le nom tant recherché.

De son côté, Nadia, un peu perdue dans cette grande salle, choisit les documents qu'elle veut consulter au hasard des titres de référencement. Elle se heurte aux différents régimes d'autorisation. Tous les documents ne sont pas encore accessibles. Son angle d'attaque est toujours le même : le camp, toujours le camp, mais il faut parfois savoir élargir pour mieux y revenir.

En août 2019, dans le dossier des archives de la préfecture du Gard, aux archives départementales du Gard, elle fait une découverte incroyable, une de celles qui bouleversent une vie et celle des autres. Dans un dossier, parmi tant d'autres, figurent deux documents de première importance. Une main a eu la conscience de les sauvegarder, l'intelligence de les glisser là. L'un des deux est un procès-verbal d'enquête préliminaire. Sa cote, 1073W24, est énigmatique pour les profanes. Pour la comprendre, il faut d'abord garder à l'esprit ce qu'est un service d'archives. Les archives départementales du Gard collectent tous les dossiers produits par les services administratifs du département, mais aussi ceux des services déconcentrés de l'État. Ils se retrouvent dans la série W, dont la lettre est dévolue au classement des archives contemporaines ; elles sont composées de pièces produites depuis 1940. C'est donc là qu'on trouve les versements des services administratifs de l'État postérieurs à 1940. Dans cette série W, qui est « ouverte » – elle s'enrichit sans cesse –, les documents administratifs sont numérotés selon leur ordre d'arrivée. Nadia tient donc entre les mains le 1073e versement. La pièce nº 24 porte sur la « Création d'un cimetière sur la commune de

LAUDUN ». Le titre l'intrigue. Ce qu'il comporte est stupéfiant.

Quelques années après la fermeture du camp, M. Langlet, un des anciens directeurs du camp, et M. Chevalier, ancien maire de Saint-Laurent-des-Arbres, demandent à « avoir un entretien personnel avec le commandant de la brigade » de Roquemaure, également dans le Gard. M. Langlet veut mettre de l'ordre dans ses affaires avant de partir à la retraite. Qui est-il ? Tom Charbit, dans son travail universitaire sur le camp, a exhumé un article de *La Croix*, daté du 23 mars 1974, qui en brosse un portrait édifiant : « Une barbe blanche encadrant un visage doux, le directeur du camp a plutôt l'air d'un missionnaire que d'un commandant ; c'est son grade dans l'armée. Fusilier marin, toute une vie de baroudeur derrière lui, de l'Indochine à l'Algérie, il a préféré à la retraite ce poste qui lui permet de ne pas rompre complètement avec le passé, bien que le travail de paperasserie ne procure sans doute pas les mêmes émotions que les campagnes outre-mer. Bourru et paternel, le commandant – comme tous l'appellent ici – continue dans ce coin perdu sa mission. Amer, nostalgique, semble-t-il, comme tous les anciens de la "belle époque" coloniale, il n'en continue pas moins de croire à l'utilité de son action : Je pense que je peux les aider un peu. » Dans sa lettre de motivation pour ce poste, il détaille comment durant ses années de service en Algérie, alors commandant de la compagnie à la demi-brigade des fusiliers marins, il a eu l'occasion de créer une école, un dispensaire médical, de forer un puits, etc., dans la commune de Hassi Boukouba où se trouvait son poste de commandement[1]. Peut-on résumer un homme à quelques lignes ? Je crois avoir déniché une photographie du poste où il apparaît.

Le commandant a retrouvé au fond d'une cantine un registre, le document sur lequel Nadia met la main quarante ans plus tard. Il concerne le cimetière du camp, lequel cimetière n'a manifestement pas servi après la fermeture définitive du camp. En bon militaire, le commandant Langlet remet ce registre au colonel commandant le centre d'instruction du génie n° 7 à l'Ardoise. Le cimetière se situe sur un terrain militaire dont il a la responsabilité. Mais il en informe aussi la brigade locale de la gendarmerie. À la suite de quoi, le

1. Lettre de candidature pour le poste de directeur de la cité de Saint-Maurice-l'Ardoise, 26 octobre 1972 (ADG CA 2472), voir Tom Charbit, « Un petit monde colonial en métropole. Le camp de harkis de Saint-Maurice-l'Ardoise (1962-1976) », *Politix*, vol. 19, n° 76/2006, p. 31-52.

maréchal des logis-chef François B. se transporte sur les lieux. Ce sont ses constatations que l'on retrouve consignées dans le procès-verbal rédigé le 23 octobre 1979. Nadia n'en croit pas ses yeux. Elle découvre seulement alors l'existence d'un tel cimetière, au sein du camp par lequel ses propres parents ont transité. Un autre document, à l'origine de la démarche de l'ancien directeur auprès de la gendarmerie, confirme la présence d'un cimetière. Il s'agit du « Registre d'inhumation provisoire au camp militaire de l'Ardoise » (cote ADG 1073W24). Ce registre, qui n'a pas livré tous ses secrets, rend compte d'inhumations « à l'Ardoise », sans plus de précision. Ce document n'est donc d'aucune utilité pour retrouver le cimetière. Il n'en est pour autant pas moins important pour la compréhension des faits et de l'histoire du camp. Le registre a été ouvert le 19 février 1963, mais y sont notés des décès survenus en 1962. Reprend-il un autre document ? Il avait à l'origine quarante-six feuillets. Mais nous n'avons plus rien après le 29 décembre 1964, numéro 31 de la liste, le dernier numéro *a priori*. C'est en tout cas l'hypothèse la plus probable. Ce qui n'empêche pas Nadia de s'interroger, à tort ou à raison, sur la présence d'autres tombes, ailleurs. Quoi qu'il en soit, le registre permet d'établir qu'entre 1962 et 1964, soixante-dix personnes y sont mortes. Soixante d'entre elles sont des enfants. Certains n'ont rien vu d'autre que le camp. Ils sont nés et morts et ont été enterrés le même jour. Je lis *ad nauseam* les noms, les prénoms, ceux de leurs parents quand ils sont là (pour les enfants), les dates de naissance et d'inhumation et les causes du décès. J'essaie d'y trouver du sens, en vain.

Parmi tous ces noms, on retrouve des numéros associés à trente et une personnes ; ils sont interprétés par le gendarme François B. comme les numéros de tombes, car il trouve sur place des plaquettes de bois numérotées « fichées en terre ». Je compte sept individus qui sont morts en naissant ou peu après auxquels il faut en ajouter neuf de moins de six mois. Les autres ne sont guère plus âgés.

Au drame terrible que ses parents et bien d'autres harkis ont subi, Nadia comprend soudainement qu'il y a eu pire. Les morts nombreuses d'enfants essentiellement, elle en avait entendu parler, avait lu des choses à ce sujet. Mais l'oubli des morts, leur repos anonyme dans la terre du Gard, elle n'aurait pu l'envisager. Et c'est pourtant là, dactylographié sur quelques feuilles jaunies qu'elle lit et relit. Le camp avait un cimetière, totalement sorti de la mémoire collective en très peu de temps. En tant qu'archéologue, il est habituel de retrouver des nécropoles et des cimetières dont tout le monde a oublié la trace et pour lesquels il n'existe aucun plan, aucune mention. Mais ils sont beaucoup plus anciens. Ils ont quelques siècles, souvent mille ou deux mille ans, parfois plus.

Comment en quelques années seulement, avec tant de proches et de témoins encore vivants, a-t-on pu perdre l'emplacement ? Cette question me travaille comme elle a pu hanter Nadia. Le départ des familles du camp de transit et la fermeture du camp ont pu jouer un rôle. Mais pourquoi les autorités françaises, à qui le procès-verbal d'enquête préliminaire de 1979 rappelait l'existence de ce « cimetière sauvage », n'ont-elles alors pas réagi ? Un élément de réponse se trouve dans la conclusion du gendarme. « Il ne faudrait pas trop, écrit-il, ébruiter l'affaire, qui risquerait d'avoir des rebondissements fâcheux, notamment si cela était porté à la connaissance des responsables de mouvements de défense des rapatriés d'Algérie – anciens harkis. » Le gendarme a en mémoire les événements qui ont eu lieu quelques années auparavant ayant conduit à la fermeture du camp. On connaît la chanson, on le sait, le gendarme doit avoir de très bons pieds, de la sagacité, mais :

C'est pas tout, mais c'est pas tout
Car ce qu'il doit avoir, et surtout
C'est d'la tactique, de la tactique dans la pratique[1].

De la tactique dans la pratique, le gendarme en a eu, pas de doute. On en perçoit les répercussions encore aujourd'hui.

1. « La tactique du gendarme », chanson interprétée par Bourvil en 1949 pour le film *Le Roi Pandore* (auteurs : Bourvil et Lionel Leplat ; compositeur : Étienne Lorin).

Le « camp de la honte »

Le gendarme est pour le moins méfiant. Je ne préjugerai pas de ce qu'il pouvait penser des anciens habitants du camp. Mais, à cette époque, la commune de Saint-Laurent-des-Arbres était devenue dans la bouche des plus racistes « Saint-Laurent-des-Arabes ». Quelle ironie quand on sait que beaucoup étaient des Kabyles. Or la culture berbère, d'une richesse incommensurable, en particulier la langue, n'a rien à voir avec celle des Arabes. Quant à Bagnols-sur-Cèze, il n'est pas sorcier de deviner de quel surnom ils l'avaient éhontément affublé. Je ne parviens pas même à l'écrire. Mais pour le représentant de l'ordre, sa méfiance est au moins liée aux événements qui ont eu lieu quelques années auparavant. Quatre ans avant la rédaction de son procès-verbal, quatre jeunes déterminés du camp ont pris en otage le directeur du camp dans la mairie de Saint-Laurent-des-Arbres.

Nous sommes le 19 juin 1975. En fin d'après-midi, à l'heure du goûter, ils entrent masqués et armés de fusils, de dynamite et d'essence. Depuis un mois déjà, les locaux administratifs du camp sont occupés. Peu de temps avant, le colonel Deluc, président du Comité national pour les musulmans français, avait lui aussi été séquestré plusieurs heures dans son bureau du Conseil d'État. La situation est explosive, dans tous les sens du terme. Rien n'y fait. Aucune commission, aucun rapport n'arrive à changer les choses. Le président de la République, M. Valéry Giscard d'Estaing, a même joué son va-tout. Le 7 octobre 1974, il rend public un courrier qu'il a adressé à une personne – l'identité n'a toutefois pas été précisée – ayant attiré son attention sur le sort des harkis. Il y rappelle, bien sûr, la désignation d'un parlementaire en mission, « chargé spécialement de s'occuper du sort de nos compatriotes rapatriés, et notamment des harkis ». Mais il écrit surtout : « Je regarderai personnellement ses propositions et ses conclusions pour qu'en effet la France traite dignement, humainement, ceux qui se sont dévoués pour elle. »

Mais dans un reportage du *Monde* daté du 3 juin 1975, le camp des harkis de Saint-Maurice-l'Ardoise est présenté comme un « véritable ghetto qui les isole physiquement et moralement de la population » et où les harkis et leurs familles attendent « ce qu'ils considèrent comme leur libération ». Je le répète : un camp reste un camp.

Les quatre preneurs d'otage protestent contre la « situation qui est faite aux supplétifs de l'armée française et à leurs enfants, treize ans après la fin de la guerre d'Algérie ». Ils réclament également la suppression du camp qualifié de « camp de la honte » où vivent encore cent vingt familles de harkis. Ils veulent alerter l'opinion publique sur leurs conditions de vie « absolument lamentables ». Ils voient en effet comment leur intégration dans la communauté nationale est au point mort. Les harkis ont engagé depuis plusieurs années une lutte pour être considérés comme des « citoyens français à part entière ».

C'est le branle-bas de combat dans la commune. Le dispositif des forces de l'ordre est impressionnant. Elles prennent position tant à Saint-Laurent-des-Arbres qu'autour du camp de Saint-Maurice-l'Ardoise, situé à quelques kilomètres à peine. On fait venir M. Laradji, président de la Confédération des musulmans rapatriés d'Algérie, d'Évreux, militant de la cause, même s'il n'est pas un harki. À relire les reportages d'époque, on sent que les harkis sont excédés. Ils sont sur la crête, sans savoir de quel côté ils vont tomber... ou de quel côté on va les pousser. La situation va-t-elle se régler dans la négociation ou dans l'effusion de sang ?

Peu après 19 heures, les forces de police commencent à donner l'assaut. Deux fortes détonations claquent. Une vive effervescence gagne alors les jeunes ravisseurs. On est à deux doigts du drame. C'est le directeur du camp, séquestré, qui intervient. Syndrome de Stockholm ? Non, simple bon sens. « C'est moi qui ai demandé qu'on arrête cet assaut imbécile, sinon ils m'auraient tué », dira-t-il plus tard.

Une conversation téléphonique du ministère de l'Intérieur aidera aussi à rétablir la situation. Après avoir obtenu l'assurance écrite qu'ils ne seraient ni arrêtés ni poursuivis, les quatre jeunes libèrent M. Langlet le vendredi 20 juin à 20 heures. Toujours masqués, mais sans armes, ils passent en quelques minutes des huées de la mairie aux hourras du camp. C'est une victoire. Rien ne sera plus comme avant. Ce « printemps harki » de 1975, selon l'expression d'Abderahmen Moumen, aboutira à la fermeture du camp de Bias, dans le Lot-et-Garonne, et de celui de Saint-Maurice-l'Ardoise. On dit même de ces camps qu'ils sont « supprimés ».

Treize ans auparavant, après les accords d'Évian, la France tergiverse avant d'accueillir les harkis. Dans un premier temps, une petite partie d'entre eux, une dizaine de milliers, réussit à venir. Puis c'est un refus de peur que des terroristes s'infiltrent. Il sera en outre interdit à quiconque de les aider, avant la décision de Georges Pompidou d'ouvrir les portes de la France. Des milliers de familles et des personnes isolées trouvent refuge en France métropolitaine. Elles sont installées dans ce que les autorités dénomment alors des « camps de transit et de reclassement », gérés par l'armée.

J'ai écrit des milliers. Mais j'aurais pu être plus précis. Comme souvent, on trouve des chiffres différents selon les auteurs. C'est normal. Il est difficile de répondre à la question du nombre de réfugiés. Mais ils donnent tous le tournis. Pour Abderahmen Moumen, l'un des spécialistes de la problématique des harkis, c'est près de 90 000. Soit l'équivalent du nombre d'habitants de la ville de Poitiers, ou de celle d'Aubervilliers, qui arrivent et qu'il faut loger. Près de 42 000 vont transiter par des camps du sud de la France, comme le camp Joffre de Rivesaltes. Ce camp militaire, dédié à l'internement depuis la guerre civile espagnole et au gré des crises du XXe siècle, sera surnommé « la capitale des harkis ».

À partir de l'été 1962 et dans l'urgence, des villages de tentes sont dressés et des camps sont réquisitionnés pour accueillir les harkis et gérer leur « recasement ». Le camp de Saint-Maurice-l'Ardoise est l'une des pièces de ce dispositif. Il va abriter plusieurs milliers de personnes dans la plus grande précarité. Selon les travaux de Tom Charbit, l'effectif maximal est atteint en janvier 1963, avec un peu plus de 5 500 personnes. Passé cette période de « transit », qui voit arriver et repartir en nombre des milliers de harkis, le camp ferme, avant de rouvrir à la fin de l'année 1964. Il accueille alors celles et ceux que l'on juge « incasables », notion vague qui mélange l'inaptitude au travail, le manque de ressources et l'incapacité à vivre « en milieu ouvert » sans assistance sociale et sanitaire[1]. Le camp est alors rebaptisé « cité d'accueil et d'hébergement ». Infirmes, blessés de guerre, veuves, vieillards et malades atteints de troubles physiques ou psychologiques, le plus souvent avec leurs familles, composent une population stabi-

1. Les harkis décrétés valides par l'armée française quittent le camp soit pour des chantiers de forestage – ils vivent dans des hameaux dits « de forestage » –, soit pour la fonction publique, soit pour l'industrie. N'oublions pas en effet qu'en pleines « Trente Glorieuses » l'industrie est en manque cruel de main-d'œuvre.

lisée autour de 800 personnes au cours des années 1970. Selon les termes d'une inspectrice du Service des Français d'Indochine et musulmans (SFIM) qui visite le camp à cette époque, « l'Ardoise vit hors du temps, hors des normes, hors des conventions, dépendant de l'administration, sans en être vraiment, à demi autonome sans l'être tout à fait ». Selon Hocine Louanchi, leader de la révolte de juin 1975, il y régnait une discipline militaire et des conditions hygiéniques minimales auxquelles s'ajoutaient la violence et la répression. En 1975, les « hébergés », aidés par la Confédération des Français musulmans d'Algérie, ont vidé l'administration dont ils occupent les bureaux et le reste des baraquements de ce « camp de la honte », comme ils l'ont écrit alors en grosses lettres blanches sur la départementale qui mène de Saint-Laurent à Bagnols. La description qu'en fait un journaliste du *Monde* est édifiante : « L'insalubrité de cette cité, prétendument de transit, effraie et soulève le cœur. Mais elle n'aurait pas suffi à provoquer la révolte des hébergés. Même en Algérie, les harkis n'ont jamais roulé sur l'or. L'humiliation, les brimades pratiquées par une administration militarisée ont compté bien davantage. »

Aux harkis, la France reconnaissante

Parmi mes défauts, il y en a un qui horripile particulièrement ma famille. J'ai une addiction aux informations. Je suis sans cesse à l'écoute de la radio ou d'une chaîne d'information en continu, y compris si je dois rédiger. Vieille habitude d'écolier sans doute, quand je faisais les devoirs dans la cuisine. J'ai besoin de son pour travailler, sauf pour lire. Appareils connectés, téléphone et tablette me permettent d'être relié au monde, avec l'impression de faire œuvre d'histoire immédiate. Les épais murs de ma maison se sont avérés longtemps un rempart trop efficace contre les ondes hertziennes. Ma famille a accueilli le wi-fi comme les Troyens ont accepté l'offrande du cheval de Troie, en fait un piège mortel. Je peux maintenant circuler d'une pièce à l'autre sans couper le flux des informations. Il serait dommage que je manque quelques bribes d'une analyse déjà entendue le matin ou la veille. Ma maison n'est pas une démocratie. J'en suis à la fois le dictateur et le responsable du bureau de propagande... Car non seulement j'impose les informations, mais je les commente aussi presque tout le temps.

Il y a des sujets récurrents qui hérissent le poil des uns et suscitent des commentaires chez les autres. Ceux concernant l'Algérie sont de ceux-là. Avec la conquête et ses nombreux massacres, le dossier de la colonisation avait mal commencé, on le sait. On ne l'a jamais clos, en France comme en Algérie. Dès le début, la France n'a pas honoré sa parole. En décembre 1847, après dix-sept années de combats, Abd el-Kader ben Muhieddine, l'émir Abd el-Kader, est contraint à la reddition. Il la négocie avec le général Louis Juchault de Lamoricière et le duc d'Aumale, gouverneur général de l'Algérie. Il demande que son exil l'emmène vers l'Orient, à Alexandrie ou à Saint-Jean-d'Acre. Au lieu de ça, il sera transporté et gardé en captivité au château d'Amboise durant quatre ans, après avoir débarqué à Toulon et séjourné huit mois à Pau[1]. Pendant

1. Il sera libéré par Louis-Napoléon Bonaparte le 16 octobre 1852 et finira sa vie à Damas. Ses restes sont rapatriés en Algérie en grande pompe en 1966. Mais les biens de ce héros national, dont son célèbre sabre, sont aujourd'hui encore détenus dans

son incarcération, dans des conditions difficiles, il y perdra une partie de sa famille et de sa suite, enterrée dans le parc du château. À sa libération, Abd el-Kader ne peut faire autrement que de laisser ses morts à Amboise ; il y reviendra une dernière fois en août 1865.

Les Amboisiens prennent sur eux d'ériger rapidement un monument à l'endroit du cimetière, dans le sud-ouest du parc du château. C'est une souscription qui finance le monument. C'est un mausolée de trois mètres de haut qui est achevé en juin 1853. Il est à l'origine surmonté de croissants dorés avant que les Prussiens ne les volent. Il rappelle à tous que reposent là, selon les rites islamiques, des gens emportés malgré eux dans les tourbillons de l'Histoire. Cet emplacement est aujourd'hui magnifié par l'artiste algérien Rachid Koraïchi. Il y a réalisé le jardin d'Orient où vingt-cinq cubes en pierre d'Alep, en Syrie (en hommage à Abd el-Kader où il a terminé sa vie), symbolisent la Kaaba, en mémoire des vingt-cinq morts de l'entourage de l'émir. Ces blocs taillés sont d'ailleurs surmontés d'un nom de

---

des musées français. Les crânes de ses « martyrs », qui ont lutté contre la conquête française et qui étaient conservés au musée de l'Homme, n'ont été récupérés qu'en 2020.

défunt, ciselé dans le métal. L'ombre portée inscrit chacun d'entre eux de manière mouvante et éphémère sur la pierre en fonction de l'intensité du soleil et de sa course dans le ciel de Touraine. Des cyprès et une ligne de romarins, qui indique la direction de La Mecque, parachèvent cette œuvre qui veille sur les défunts dont la localisation exacte demeure inconnue. Plus rien n'apparaît en surface depuis longtemps. Un plan schématique ne suffit pas à déterminer la position précise des tombes. Il existe des tombes musulmanes plus anciennes en France. Les découvertes de mon institut à Nîmes il y a quelques années en témoignent. Mais leur situation n'est pas inscrite comme à Amboise dans le paysage.

Le sujet de l'Algérie est passionnant. Mais il peut susciter des contresens et des réactions exacerbées si les faits sont analysés trop superficiellement. C'est pourquoi les historiens y consacrent des années de recherche. Il mérite mieux que les sorties médiatiques à visées électoralistes dont se gargarisent les éditorialistes. De chaque côté de la Méditerranée, le populisme a de beaux jours devant lui. En ces temps troublés où le mot « Algérie » retentit à longueur de journée, je comprends immédiatement que je marche sur des œufs avec le dossier du cimetière du camp de Saint-Maurice-l'Ardoise. Je vais rendre compte de tous les actes que j'effectuerai, expliquerai ma méthodologie et présenterai les résultats. Je dois être factuel et peser chaque mot que j'emploie, en mesurer la portée. Il s'agit de réparer, pas de heurter. Bien évidemment, mon rapport sera relu. Il existe des garde-fous permettant d'écarter les erreurs grossières. Mais, comme un de mes professeurs avait l'habitude de le dire, le diable se cache dans les détails. Et la première de mes interrogations arrive vite. Ai-je le droit d'employer le mot « harki » ? Que signifie-t-il exactement ? A-t-il un côté péjoratif ? Il faut que je m'en assure, car la machine est lancée. Je vais rencontrer des témoins du dossier et parler avec eux avant d'entamer les recherches proprement dites. Quant à mon rapport, ce sera un document officiel, archivé et consultable par le public. Il est destiné à avoir une vie après l'opération de terrain, quel qu'en soit le résultat. Il doit être à la hauteur des enjeux. Je vais certainement rencontrer aussi des proches des gens qui reposent dans le cimetière.

À l'origine, la définition était très précise. Un *harki* était un élément d'une *harka*, nom dont il dérive et que l'on a donné à partir de 1956 aux unités militaires composées d'auxiliaires musulmans de statut civil[1], elles-mêmes rattachées à des unités militaires françaises en Algérie. Le mot *harka*, qui signifie « mouvement », est utilisé au sens de « groupe mobile ». Par extension, le mot *harki* est employé pour tous les supplétifs musulmans, et même tous les « Français musulmans » ayant servi sous le drapeau français pendant la guerre d'Algérie. Ils formaient une catégorie de soldats irréguliers. Si la plupart participaient aux tâches de maintien de l'ordre aux côtés des unités régulières de l'armée française, tous les harkis n'allaient pas au combat, loin de là. D'ailleurs, beaucoup n'étaient pas armés – ceux-là travaillaient pour l'armée dans des emplois civils – et ceux qui l'étaient ont été dotés de fusils de chasse, avant de recevoir, progressivement, des armes de guerre. Mais elles leur étaient toutefois prêtées ; elles devaient être rendues après chaque opération. On se méfie. Il ne s'agirait pas de constituer une armée algérienne...

Le terme *harki* n'est pas univoque et il va même évoluer au cours du temps. Une série de dénomi-

1. Les harkas étaient théoriquement composées de cent hommes. Dans la réalité, elles étaient presque toujours divisées en plus petites sections. Voir Fatima Besnaci-Lancou et Gilles Manceron, *Les Harkis dans la colonisation et ses suites*, Paris, L'Atelier, 2008.

nations, et leurs inévitables acronymes, se succéderont d'ailleurs, sans que l'on puisse y percevoir la complexité des trajectoires individuelles. Aujourd'hui, selon Abderahmen Moumen, dont les compétences en histoire n'ont d'égale que sa gentillesse, le mot *harki* est devenu « un terme générique englobant souvent tous les citoyens français d'Algérie d'origine arabe ou berbère ayant, à divers titres, servi ou continué à servir la France durant les "événements" en Algérie, malgré les menaces du FLN[1] ». Selon lui, être harki est sans rapport avec l'indépendance de l'Algérie ou son maintien sous la colonisation française. Certains se sont, en effet, engagés consécutivement à l'assassinat d'un ou plusieurs membres de leur famille par les indépendantistes. La lutte était alors dirigée contre la prise de pouvoir par le Front de libération nationale (FLN), plutôt que contre l'Algérie indépendante. Un différend avec les maquisards pouvait vous obliger à fuir et donc à vous engager. Pour d'autres, notamment les paysans, qui n'appréhendaient pas totalement le contexte politique, on a observé que la motivation était liée au besoin d'argent. Dans certaines familles

1. Mohand Hamoumou et Abderahmen Moumen, « L'Histoire des harkis et Français musulmans : la fin d'un tabou ? », *in* Benjamin Stora et Mohammed Harbi (dir.), *La Guerre d'Algérie 1954-2004*, Paris, Robert Laffont, 2004, p. 318.

algériennes, il y a même eu une sorte de longue tradition militaire avec les participations aux deux conflits mondiaux où les tirailleurs algériens se sont montrés particulièrement valeureux. Je pense comme vous certainement à la campagne d'Italie au sein du corps expéditionnaire français du général Juin qu'immortalise le film de Rachid Bouchareb *Indigènes*. C'est une réalité complexe qui demande à être discutée, toujours expliquée, nuancée parfois. Je découvre même qu'il existe une harka féminine. Les « harkettes de Catinat », comme on les appelle, sont certes cantonnées à des travaux de bricolage, mais certaines d'entre elles seront armées et assureront un rôle de protection des récoltes et de convois. Sans compter que l'armée française recrute aussi quelques milliers de ceux qu'elle a capturés. À devoir choisir entre l'exécution et le service de la France, ces « ralliés » poursuivent le combat du côté français. Ils forment cependant un groupe de harkis à part, étroitement surveillés par le commandement. Les preuves accumulées contre eux, en particulier des photographies, leur interdisent de déserter. Ils n'ont d'autre choix que d'être violents, nettement plus que les autres. Pas question pour eux d'être capturés par leurs anciens frères d'armes.

Bref, les raisons d'être un harki ont été nombreuses. La définition généralement admise est très inclusive.

Aujourd'hui, les descendants se désignent eux-mêmes comme des harkis de deuxième ou troisième génération. Mais ça ne vaut cependant que pour la France. En Algérie, comme on peut s'en douter, le harki est perçu comme un « traître », faisant fi de la diversité des causes et du contexte. Dès le lendemain de la signature des accords d'Évian, un cessez-le-feu est appliqué à midi. Les harkis sont alors démobilisés. Mais ce ne sera « ni le début de la paix ni la fin de la guerre, encore moins la fin de cette histoire dont nous sommes tous les héritiers », dira Emmanuel Macron le 19 mars 2022 à Paris, lors du soixantième anniversaire de la fin de la guerre d'Algérie. Malgré une clause spécifique dans ces accords destinée à assurer la protection des harkis, la fin du conflit est le début d'exactions à leurs dépens de la part de l'armée nationale algérienne. Ils ont été arrêtés, emprisonnés, torturés et massacrés d'autant plus facilement que les mêmes accords d'Évian interdisaient à l'armée française d'intervenir. Les morts ont été nombreux. Selon les historiens qui, tels des comptables macabres, ont tenté une estimation du nombre de harkis tués après le cessez-le-feu, plusieurs dizaines de milliers de harkis sont morts, au moins 50 000 sans doute, vraisemblablement de 60 000 à 70 000, peut-être même jusqu'à 150 000. Les chiffres sont incertains. Ils donnent tous le vertige.

On l'a vu, l'hospitalité de la France envers les harkis ne va pas de soi avant que Georges Pompidou ne prenne la décision de tous les accueillir. Enfin ceux qui restent. Certains militaires ont pressenti le massacre qui allait avoir lieu, la goutte de trop pour ces hommes dignes. C'est ce qui a notamment fait basculer Hélie de Saint Marc du côté des putschistes d'Alger. La tragédie algérienne avait mis à mal ses valeurs. « Je m'étais construit depuis Buchenwald, écrit-il dans ses Mémoires, autour de quelques notions essentielles : le courage, la fidélité, l'entraide, l'engagement, l'honneur. L'engrenage dans lequel nous étions broyés menaçait mon équilibre. Je me répétais la devise de la Légion : *Honneur et Fidélité*. Mais l'honneur était-il dans l'obéissance absolue au pouvoir légal, ou dans le refus d'abandonner des populations qui nous avaient fait confiance ? La fidélité devait-elle s'entendre envers la nation ("bon ou mauvais, c'est mon pays"), ou envers des hommes et des femmes qui allaient être massacrés à cause de nous[1] ? » Hélie de Saint Marc avait tout le temps eu en tête les images des populations demandant à être évacuées avec ses hommes et qui seront par la suite massacrées par le Vietminh, « comme un remords qui ne s'oubliera jamais ».

1. Hélie de Saint Marc, avec la collaboration de Laurent Beccaria, *Mémoires – Les champs de braises*, Paris, Tempus, 2022.

Le sous-sol ne ment pas

La découverte des documents inédits sur l'existence d'un cimetière oublié dépendant du camp de harkis de Saint-Maurice-l'Ardoise est à l'origine d'une opération archéologique atypique, qui s'est déroulée en deux temps. Elle a été suivie par le président de mon institut avec le plus grand intérêt du fait de son aspect novateur. Elle est dorénavant considérée comme la première étape d'une recherche intéressant d'autres camps de harkis en France, en premier lieu desquels celui de Rivesaltes qui est dans l'esprit de tous. Mais il y a un aspect qui a échappé à la plupart des gens, y compris mes collègues.

Les archéologues réfléchissent collectivement à la façon dont leur discipline évolue, que ces changements soient souhaités ou subis. À cet égard, il existe un Conseil national de la recherche archéologique.

La ministre de la Culture en est la présidente. La vice-présidence est encore assurée par un archéologue. À la fin de l'année 2023, les membres qui composent ce conseil, avec l'aide d'autres archéologues et de spécialistes, ont validé les seize axes thématiques de la nouvelle programmation de la recherche archéologique, dont l'archéologie du monde contemporain et celle des conflits. C'est l'une des évolutions majeures de ces dernières décennies.

En 1978 se déroulait en toute impunité la destruction du Campo Santo, ancien grand cimetière de la ville d'Orléans installé dans une vaste enceinte rectangulaire et situé au nord de la cathédrale. Cet outrage envers l'Histoire a suscité nombre de remous qui conduiront à prendre en considération les vestiges du Moyen Âge. Mais, avant, plusieurs personnalités du monde de l'histoire et de l'archéologie ainsi que des hauts fonctionnaires de ce qu'on nommait alors le ministère des Affaires culturelles avaient formé une « commission d'enquête » *ad hoc* et s'étaient rendus sur place un peu avant Noël. En font notamment partie le professeur Philippe Ariès, dont je garde encore précieusement l'essai *L'Homme devant la mort*, publié en 1977, depuis le début de mes études (j'y retourne régulièrement), et le grand médiéviste Jacques Le Goff. Ce dernier déclare lors d'une émission sur

France Culture que la disparition du Campo Santo était « un événement extrêmement regrettable pour le patrimoine et la documentation de l'historien ». Jean Chapelot, archéologue du CNRS, que je connais bien pour avoir fait partie des militaires du contingent appelés à fouiller avec lui au château de Vincennes au milieu des années 1990, estime quant à lui que les dégâts archéologiques étaient sans doute aussi considérables sur le côté sud de la cathédrale, où les pelleteuses ont creusé un gigantesque trou au ras de l'édifice. L'émotion est énorme. La population orléanaise s'indigne du transport des os humains dans une décharge publique. C'est dramatique, car avant Orléans deux autres cimetières français offrant la même singularité avaient déjà disparu : le charnier des Saints-Innocents à Paris et le cimetière des Comtes à Toulouse détruits à la fin du XVIIIe siècle. En 1978, on détruisait sans vergogne des vestiges du Moyen Âge. Inutile de dire que personne ne pouvait imaginer à ce moment-là que, moins de cinquante plus tard (un claquement de doigts dans l'histoire de l'humanité), des restes humains vieux de quelques décennies seraient étudiés avec la même minutie que ceux issus des périodes les plus lointaines de notre histoire.

S'il y a bien un archéologue qui se réjouit de cet état de fait, c'est Vincent Charpentier. Rares sont les archéologues qui ne le connaissent pas. À défaut de l'avoir rencontré, beaucoup peuvent décrire son timbre de voix caractéristique. Préhistorien de formation, l'homme a été des années durant le producteur et l'animateur de « Carbone 14[1] », l'émission de l'archéologie sur France Culture. Cet archéologue a mis sa carrière au service des autres, visitant les sites et invitant des chercheurs pour se faire l'écho des découvertes archéologiques les plus récentes. L'homme est aussi à l'aise dans une cabane de chantier que dans le désert du sultanat d'Oman où, dans la grande tradition des liens étroits unissant archéologie et diplomatie, il conduit encore des recherches sur la façade omanaise de la mer d'Arabie, dans l'océan Indien. Vincent Charpentier est depuis le début de sa carrière un ardent militant et défenseur de l'archéologie préventive, dont il a accompagné la naissance et l'évolution. Mais il compte également parmi ceux qui réfléchissent au devenir de la discipline archéologique, faisant preuve d'une érudition rare. Et l'homme, qui a

1. Diffusée de 2016 à 2024. Auparavant, Vincent Charpentier animait l'émission hebdomadaire « Le salon noir », sur le même thème.

plus d'un cheval de bataille, réfléchit depuis trente ans à la possibilité de faire une archéologie de la guerre d'Algérie. Comment ? Où ? Dans quelles perspectives ? Il tient d'ailleurs à évoquer ce conflit au cours d'une de ses dernières émissions. Je suis invité avec ma collègue Valérie Delattre, que je respecte aussi profondément ; je l'apprécie pour son engouement permanent à parler de la révolution de l'anthropologie funéraire. À quelques jours de la fin de son émission, comme une dernière espièglerie, Vincent Charpentier souligne l'ironie du fait que la première archéologie de la guerre d'Algérie n'a pas eu lieu dans les Aurès, mais dans le Gard.

L'opération archéologique a permis de retrouver des sépultures dont personne n'avait gardé la mémoire. Elles étaient *a priori* invisibles, sauf pour les archéologues. Même quand il existe peu d'indices en surface, il y a toujours des traces dans le sous-sol. Celles-ci ne s'effacent pas. Quoi qu'on fasse. La terre garde en elle tous les secrets du monde. Il suffit de savoir les déchiffrer. La méthode est simple, mais elle n'est pas à la portée de n'importe qui. Ou plutôt si, à condition de savoir ce que l'on cherche et, sinon d'avoir été formé, tout du moins d'être expérimenté. Et n'en déplaise à certains, il faut garder une certaine humilité dans ce type de tâche. Avec toute la meilleure volonté du monde, on peut ne rien voir… et ne pas s'en rendre compte.

Les méthodes pour localiser des corps enfouis sont nombreuses, tout du moins théoriquement. Peut-être croyez-vous en avoir une petite idée si vous êtes férus de documentaires et de séries policières. Détrompez-vous : aucun ne vous dit la vérité ou presque. Il ne faut surtout pas imaginer des appareils ultra-sophistiqués et infaillibles. La démarche repose essentiellement sur la capacité à reconnaître des traces d'un creusement dans le sous-sol. Car ce ne sont pas les squelettes que nous recherchons, mais les traces du trou (la fosse, la sépulture) dans lequel le corps a été placé. Ce savoir-faire est l'apanage des archéologues. D'aucuns croient pouvoir se passer de ces derniers. Ils se trompent, car la chose n'est évidemment pas aussi aisée qu'il y paraît. Ça ne s'apprend pas sur les bancs de l'université. L'idéal est de multiplier les terrains. Chaque recherche a pour moi été l'occasion d'engranger de l'expérience, y compris auprès des collègues auprès de qui j'apprends toujours.

Sinon le plus simple, tout du moins le plus efficient – et ce qui vaut en archéologie vaut également pour les cas criminels –, reste l'utilisation d'un engin mécanique, lequel va nous aider à rechercher les emplacements des corps. C'est ce que mes collègues et moi faisons quotidiennement en archéologie préventive. Il est admis que cette méthode, à condition de l'employer à bon escient et selon un protocole défini, est sans doute celle qui garantit le meilleur succès. Ne pas chercher spécifiquement les squelettes, mais avant tout les fosses dans lesquelles les défunts sont placés fait la différence. C'est ce qui pousse de plus en plus les magistrats à employer des archéologues sur les scènes de crime. Leur regard supplante n'importe quelle technologie. Le sous-sol ne ment pas. C'est pourquoi depuis quelques années la gendarmerie, par le biais de son Institut de recherche criminelle, a des spécialistes rompus à ce type d'exercice. Ils interviennent de manière concomitante ou non avec l'utilisation d'un géoradar[1], dont les archéologues connaissent très bien les limites (et qu'ils n'utilisent pas dans ce genre de cas), et de chiens des équipes spécialisées en recherche des restes humains du Groupe national

1. Le géoradar, appellation commune du radar à pénétration de sol (en anglais GPR, acronyme de *ground penetrating radar*) est un appareil géophysique utilisant le principe d'un radar pointé vers le sol pour en déterminer la composition et la structure.

d'investigation cynophile (GNIC), basées à Gramat, dans le Lot. L'efficacité de ces derniers n'est plus à démontrer, dès lors que la dépouille sent encore quelque chose. Ils sont en effet entraînés à détecter les odeurs de décomposition humaine à l'exclusion des autres afin ne pas fausser les recherches. Cependant, l'expérience montre que le mode opératoire le plus efficace demeure l'emploi de la pelle hydraulique. Quelle que soit l'apparence du terrain en surface, cet engin permet de révéler un creusement, dont les propriétés intrinsèques se traduisent par un changement de compacité du sédiment et de sa couleur. Parmi toutes les méthodes qui existent, seules ces investigations dans le sol permettent d'assurer un résultat, en particulier s'il est négatif. Dans ce cas, l'absence de résultat est un résultat ; ce n'est pas lié aux limites de la méthode ou de l'instrument utilisé. Mais la pelle hydraulique, dont le tonnage offre un compromis entre la surface à investiguer et les conditions d'accessibilité, doit être munie d'un godet lisse. À l'instar de l'archéologue, mais qui lui travaille, plus lentement et sur une surface nettement plus réduite, l'engin mécanique permet de mettre en évidence toute trace dans le sol, dans le niveau sédimentaire qui s'est installé bien avant l'apparition de l'homme. S'il est reconnu comme vierge, cela permet par conséquent d'exclure toute action anthropique à cet emplacement du fait de son ancienneté géologique. Il n'y a assurément rien plus profondément. La profondeur des tranchées que nous allons (faire) creuser sera dictée par le niveau d'apparition de ce niveau sédimentaire ; elle n'est pas liée à l'idée de ce qu'on fait de la profondeur du trou dans lequel on a placé le défunt. En effet, quelle qu'elle soit, même si elle est importante, les traces de la fosse seront visibles rapidement, une fois enlevée la couche humifère, très sombre car très organique, qui la recouvre. Dans une enquête criminelle, on m'a demandé une fois combien de temps ces fosses restaient discernables dans le sol : « Des milliers d'années mon général ! » Ce n'était pas une fanfaronnade. C'est la réalité. C'est pourquoi les archéologues peuvent vous parler des périodes les plus anciennes. Un trou rebouché se distinguera toujours, certes avec plus ou moins de facilité.

Une visite sur place à Saint-Maurice-l'Ardoise et l'aide d'un assistant technique permettent de déterminer quel engin nous allons pouvoir utiliser. Ce sera une pelle moyenne de cinq tonnes pour pouvoir manœuvrer facilement entre les arbres ; elle va être équipée d'un godet lisse. Nous allons la guider. Elle va travailler à reculons, pour ne pas rouler sur ce qu'elle vient de décaper sous notre constante surveillance. Bertrand et moi sommes confiants. Si des tombes sont là, nous les trouverons, sans aucun doute. Mais c'est une opération à haut risque. Si je ne trouve pas, je dois convaincre mes interlocuteurs que cet emplacement-là n'est pas le bon. Je dois leur expliquer pourquoi. Je ne dois pas être considéré comme le pion d'un État, d'une administration qui cacherait la vérité, même si de mon point de vue mon institution, ma profession et mon engagement sans faille sur ce type de dossier sont autant de gages de ma probité.

Un pour tous

Comme souvent, cette opération de recherche m'a été confiée à la suite d'un échange de mails et d'un bref coup de fil pour m'expliquer les enjeux. C'est Philippe qui s'en est chargé. Il était encore il y a peu à diriger des fouilles. À présent il met ses connaissances au service des autres. Il y a ainsi dans mon institut des archéologues qui préparent et mettent en œuvre les projets d'opérations archéologiques, jusqu'à trouver l'archéologue idoine, disponible de surcroît. Le camp de Saint-Maurice-l'Ardoise n'est pas dans ma région. Si ma compétence est nationale, et même au-delà, les effectifs sont tels qu'il y a généralement bien assez de personnel disponible dans la région envisagée. D'autant que mon institut comporte une kyrielle de chercheurs compétents à même d'effectuer un tel travail. Mais la problématique a rebuté les collègues susceptibles de le mener à bien. Personne ne voulait être confronté aux restes des enfants inhumés il y a quelques décennies seulement. Qu'allait-on retrouver, ou plutôt dans quel état de conservation ? En archéologie, nous avons l'habitude de découvrir des corps à l'état de squelette, c'est-à-dire des os dépourvus de toute matière organique. Sur des corps plus récents, selon le contexte, ça peut être complètement différent.

Il faut donc s'adjoindre un responsable compétent, motivé et sans contrainte de calendrier selon l'échéancier fixé. À Nîmes, personne ne veut ou ne peut le faire. Et Philippe ne me connaît pas encore. Devant cette impasse, c'est Marie qui a résolu le problème. Les archéologues, sur le terrain comme en laboratoire, ne sont que la partie visible de mon institut. Cet établissement public est une grosse machine. J'en découvre encore les arcanes, même si j'y suis depuis sa création. Vous n'imaginez pas le nombre de personnes nécessaires au montage administratif d'une opération archéologique sur le sol français. Elles sont rarement mises en valeur. La gloire ne revient qu'aux archéologues, mais aucune opération ne peut se monter sans leur aide active. Parmi les postes stratégiques, il y a celui qu'occupe Marie. Elle est assistante opérationnelle. Elle a notamment pour fonction d'aider à la composition des équipes. Et

Marie, elle, me connaît plutôt bien. Au sein de mon institut, je fais en effet partie d'une équipe qui fouille des puits. Cette activité demande de se déplacer sur tout le territoire, parfois dans l'urgence. Pour réserver un train, récupérer un camion qu'un collègue aura apporté à mi-chemin, pour réagir à une défection de dernière minute, c'est Marie qui a longtemps été à la manœuvre. Je ne compte pas le nombre de missions qui lui doivent leur succès et combien de fois j'ai pu rentrer chez moi dans des délais raisonnables, changeant les billets ou louant une voiture en dernière minute. Marie, avec qui je continue d'échanger régulièrement, sait que je suis expert judiciaire. Elle a été amenée à traiter promptement certaines de mes réquisitions. Elle sait que j'ai l'habitude d'aider la justice à rechercher des corps enfouis illégalement, victimes de crimes récents. Elle en fait part à Philippe qui a enfin un nom à proposer au service de l'État (le service régional de l'archéologie) qui doit statuer. Il revient en effet à ce service de s'assurer que mon profil est pertinent. Le conservateur chargé du dossier a dû valider le fait que je dirige cette opération archéologique.

Je ne connais pas encore les collègues de Nîmes qui vont participer d'une manière ou d'une autre, de près ou de loin, à ce dossier. Philippe fait le lien entre tous les agents. Il informe le président de mon institut qui regarde avec attention le projet. Dominique Garcia est professeur d'université. Il a une excellente connaissance des enjeux de l'archéologie contemporaine et je lui dois personnellement d'avoir accompagné le développement de l'archéologie à des fins judiciaires.

La machine a beau être imposante, complexe, elle est bien huilée. Les contraintes sont identifiées et les problèmes réglés au fur et à mesure qu'ils se présentent, sans crainte exagérée ni précipitation. À bien des égards, malgré son caractère singulier, c'est une opération archéologique classique ; elle sera réalisée sous la forme d'un diagnostic. L'objectif est de détecter et circonscrire le cimetière, non pas en décapant tout, mais en effectuant des sondages.

Philippe et moi nous rencontrons sur place lors d'une journée consacrée à la préparation. Philippe me montre le site et les quelques « anomalies » qu'il a remarquées. Dans la bouche d'un archéologue, le terme sert à désigner tout ce qui paraît anormal. Et là, il s'agit de tas qui se reconnaissent nettement, à la surface du sol. Ils pourraient être les vestiges des tombes. L'hypothèse est très forte. Nous nous en persuadons, même si ça ne correspond pas vraiment à la description du procès-verbal du gendarme.

Sur le terrain, il faut être deux. Je dois donc être accompagné d'un collègue. J'ai l'embarras du choix, mais n'hésite pas une seconde. Je sais avec qui je veux travailler et pourquoi. Je croise les doigts pour qu'il soit disponible à la date de démarrage envisagée. Je demande donc à Bertrand. J'ai une confiance aveugle en lui. Et je l'apprécie beaucoup. C'est important, car nous allons passer une semaine ensemble, du matin jusqu'au soir. Nous avons effectué des missions autrement plus complexes, dans des situations plus difficiles, comme au Nigeria, où nous avons travaillé sur le monument le plus vaste que l'homme ait jamais construit sur ce continent, une complexe enceinte fossoyée de cent soixante kilomètres de long. J'ai déjà mesuré combien il est précieux sur différents types de terrain. C'est depuis longtemps un spécialiste du Néolithique en France et plus particulièrement de certains des aspects qui touchent les premières sociétés agropastorales en France. Il connaît parfaitement cette période charnière de l'humanité, au cours de laquelle les groupes humains ont adopté un modèle de subsistance fondé sur l'agriculture et l'élevage. Parmi ses diverses marottes, il reconstitue des mégalithes et réfléchit sans cesse à la façon dont les hommes de cette période les ont transportés, déplacés et mis en place, en différents endroits de la planète. Depuis le Néolithique, il est même le seul au monde à l'avoir fait comme nos ancêtres, sans traction animale ni dispositif de démultiplication des forces. Ses centres d'intérêt sont pluriels ; il les nourrit chaque jour par la lecture d'articles, issus souvent des revues anglo-saxonnes, ce qui lui donne généralement une avance sur nombre de problématiques, dont certaines commencent à peine à émerger chez nous. Il m'en fait profiter chaque fois que je le vois. Il a visité des sites en Éthiopie il y a plus de vingt-cinq ans que des archéologues redécouvrent aujourd'hui. Ce qu'il regarde avec amusement. Et il a une autre passion : les plantes et comment elles ont voyagé avec les hommes. Tous les arbres qu'il a plantés chez lui ont une histoire. Alors que nous sommes à peine arrivés sur le site que nous devons explorer, Bertrand remarque ainsi immédiatement qu'il est recouvert de salsepareille (d'Europe), la liane dont se délectent les Schtroumpfs.

Avec Bertrand, des jours avant le trajet depuis Montauban, et surtout lors de celui-ci, nous ressassons les enjeux, racontons ce que nous avons lu chacun de notre côté sur l'histoire des harkis. On imagine le pire comme le meilleur et nous nous interrogeons sur bien des aspects du dossier. Nous voulons être certains de tout appréhender dans les règles de l'art afin de ne pas heurter nos interlocuteurs avec une maladresse. Le sujet est difficile, mais nous abordons cette mission pleins d'espoir.

Faux départ

Bertrand et moi arrivons la veille du premier jour de l'intervention sur le terrain. Nous avons quitté nos domiciles respectifs un dimanche pour être, dès lundi 8 heures, sur le terrain. Nous voulons maximiser nos chances de découvrir et de parer les problèmes que nous pourrions rencontrer (visites, ennuis mécaniques, etc.). Nous nous sommes installés dans un logement que nous avons loué pour la semaine à Bagnols-sur-Cèze, à quelques kilomètres du site. Arrivés la nuit, nous débarquons nos affaires, le matériel de fouille et l'appareil photographique que nous ne laissons jamais la nuit dans la voiture. Cette arrivée tardive avec nos équipements, sans doute moins que la paranoïa, voire l'ingurgitation de certaines substances, nous vaudra une visite impromptue de notre voisin. Il est persuadé de deux choses. Un, que nous sommes là pour surveiller la mosquée située non loin. Deux, que nous épions sa femme. Il le sait. Il a vu plusieurs fois le rideau bouger. Il n'a rien à redire sur notre première mission. En revanche, il nous demande fermement d'arrêter nos activités voyeuristes. Cette anecdote me reviendra à l'esprit quand le ministre de l'Intérieur demandera le retrait du titre de séjour de l'imam de Bagnols-sur-Cèze (Gard) après ses propos controversés sur les « drapeaux tricolores » qui n'ont « aucune valeur auprès d'Allah ».

L'opération se déroule sur un terrain militaire, sur une parcelle encore partiellement boisée, même si elle a été défrichée avant notre venue, sans dessoucher toutefois pour ne pas risquer de porter atteinte aux squelettes qui s'y trouveraient. Le terrain est ouvert. Le panneau « terrain militaire » en interdit théoriquement l'entrée. Mais la présence de peluches disséminées sur la zone, en hommage aux enfants censés y reposer, témoigne que le lieu est régulièrement visité. L'interprétation des documents par Nadia a conduit au lieu dit « Rossignac » et cette localisation a été appuyée par un témoignage oral. On y accède par une voie, déjà présente au moment des faits, qui pourrait passer pour le chemin d'accès privé du château de Saint-Maurice. La route, bordée de

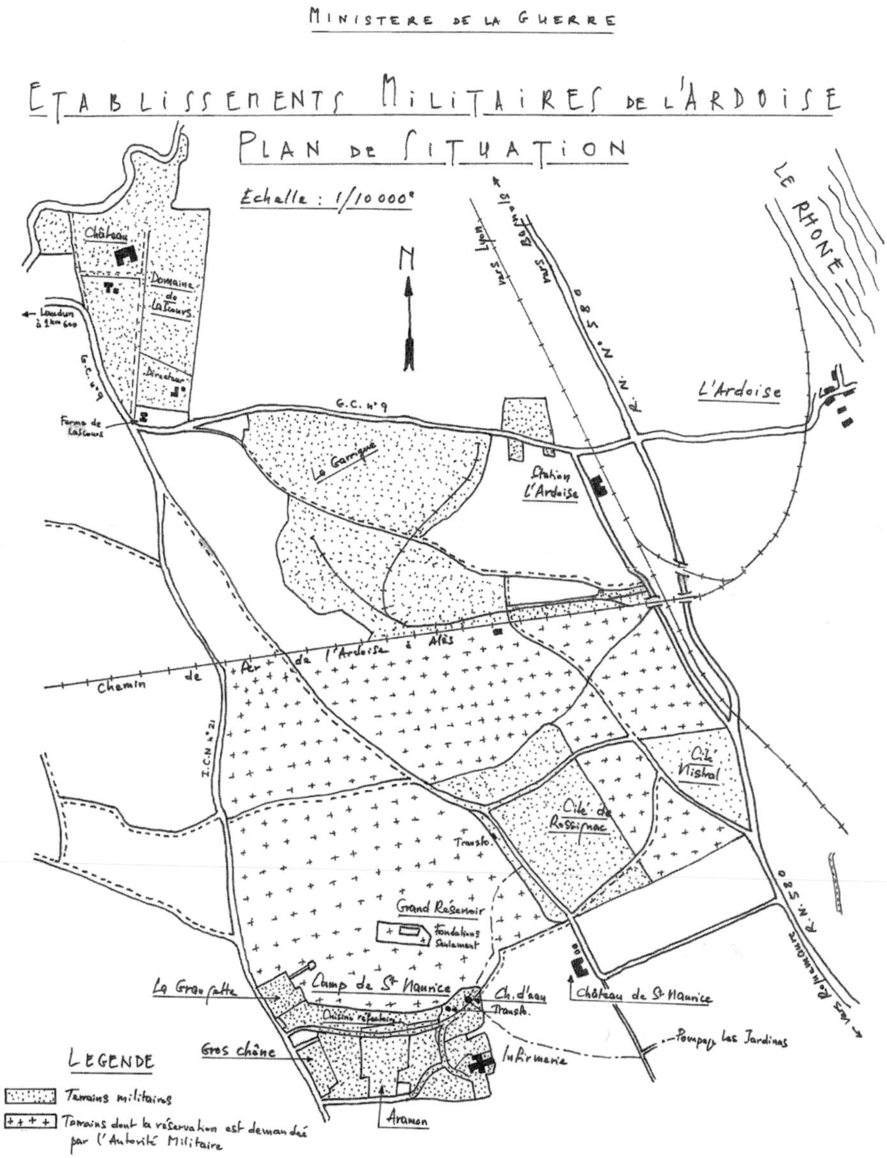

Fig. 1 : Saint-Maurice-l'Ardoise.
Plan d'ensemble de la localité [ADG CA 2373], dans Charbit, 2005.

Fig. 2 : Site des recherches de 2022. © PGZ, Inrap.

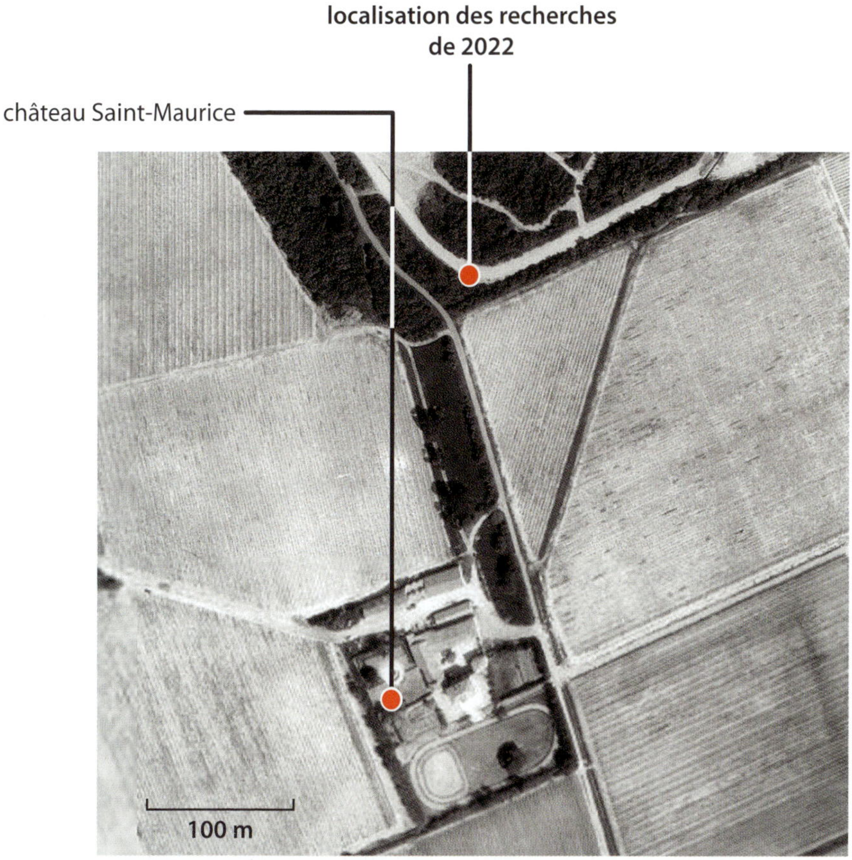

IDENTIFIANT DE LA MISSION
C2940-0061_1978_FR9040_0126
CLICHÉ n°126
TYPE DE CLICHÉ: Argentique
DATE DE PRISE DE VUE: 11/05/1978

Fig. 3 : Recherches de 2022. Le site en 1978, avant les constatations du gendarme. Le site n'a jamais été une clairière. © PGZ, Inrap.

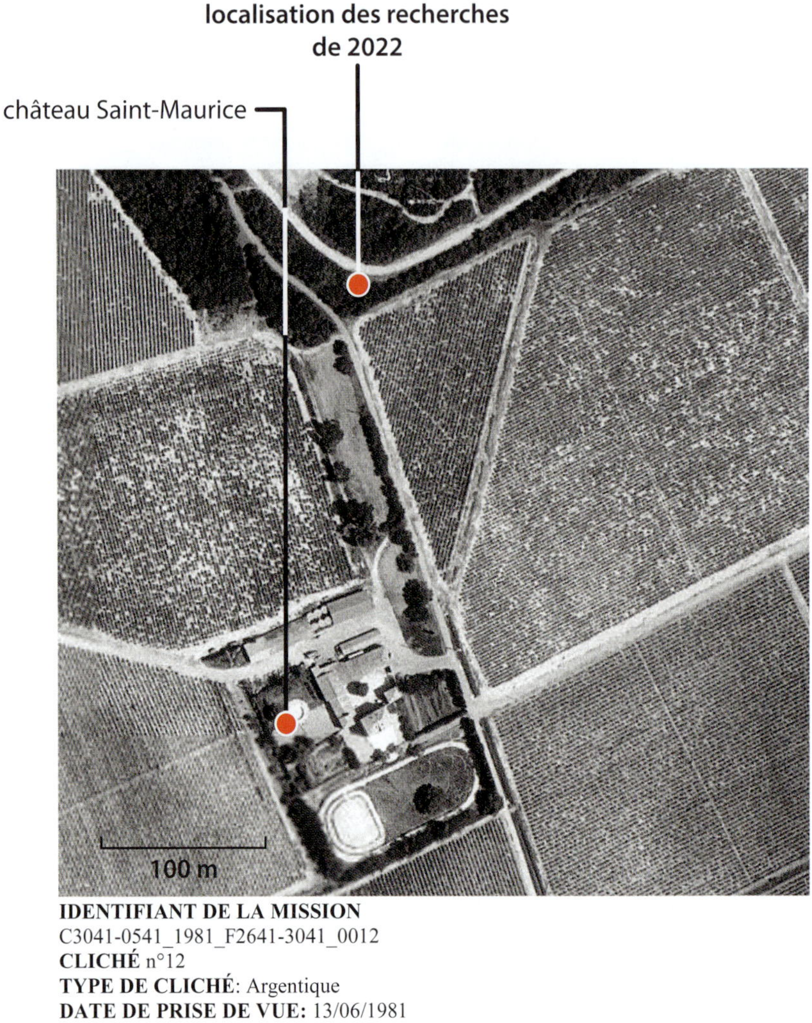

Fig. 4 : Recherches de 2022.
Le site en 1981, après les constatations du gendarme. © PGZ, Inrap.

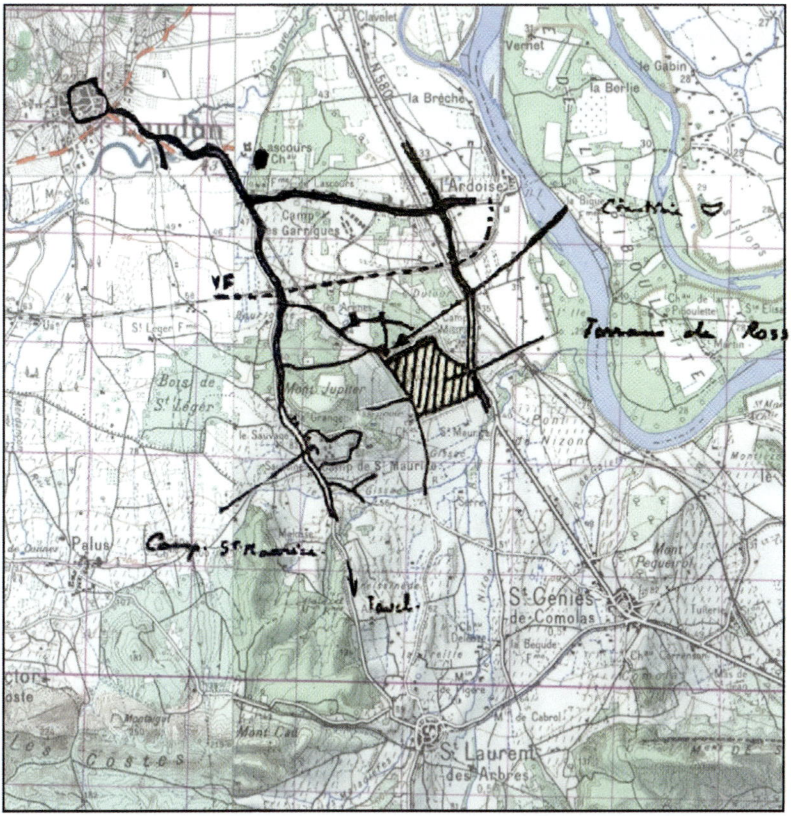

Fig. 5 : Superposition du plan au 1/50e du procès-verbal sur carte topographique. L'emplacement du cimetière est désigné par une flèche. © PGZ, Inrap.

IDENTIFIANT DE LA MISSION
C3041-0031_1962_F3041_0036
CLICHÉ n°36
TYPE DE CLICHÉ: Argentique
DATE DE PRISE DE VUE: 13/06/1962

Fig. 6: Nouvelle zone à considérer pour les recherches de 2023.
Vues de 1962 (zone boisée) et de 1963 (zone défrichée). © PGZ, Inrap.

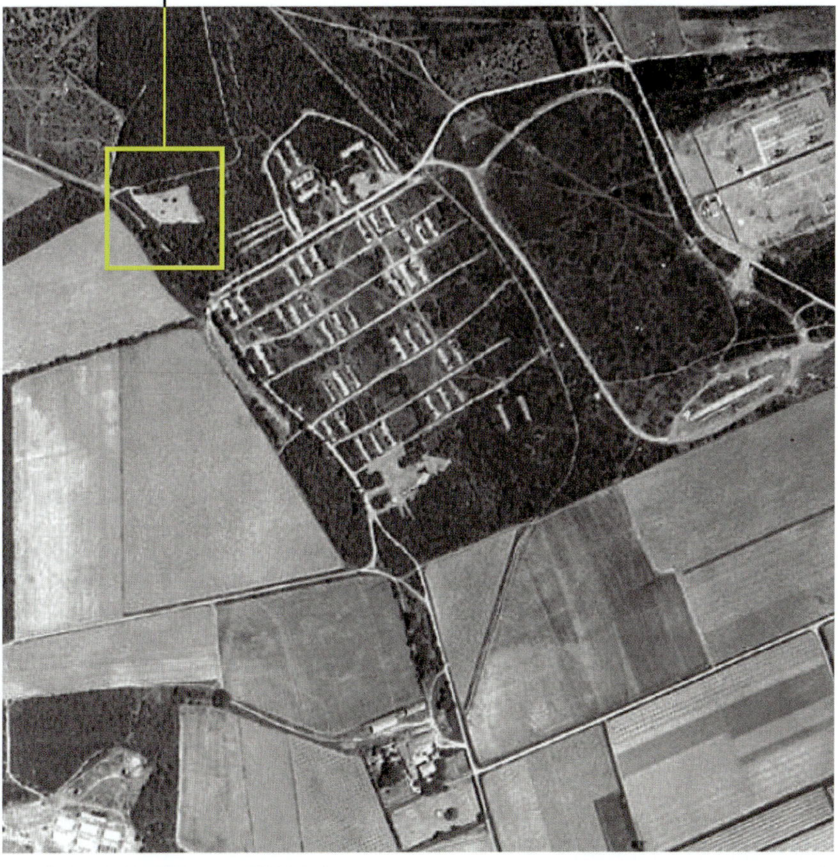

IDENTIFIANT DE LA MISSION
C2941-0041_1963_F2941_0020
CLICHÉ n°20
TYPE DE CLICHÉ: Argentique
DATE DE PRISE DE VUE: 25/05/1963

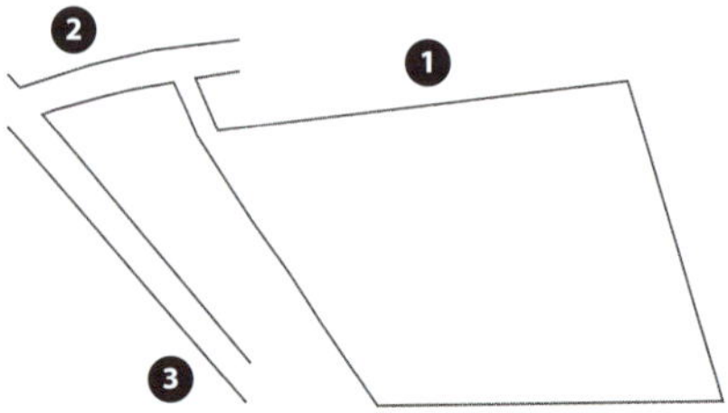

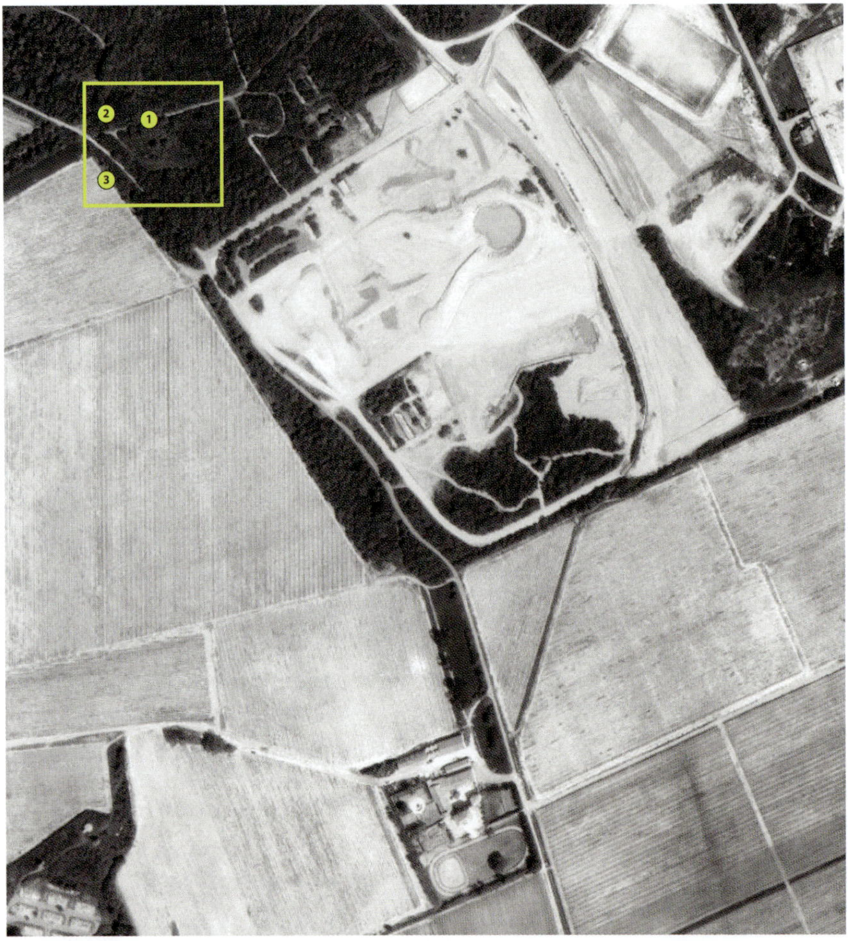

IDENTIFIANT DE LA MISSION
C2940-0061_1978_FR9040_0126
CLICHÉ n°126
ÉCHELLE: 1/14851
TYPE DE CLICHÉ: Argentique
DATE DE PRISE DE VUE: 11/05/1978

À gauche / ***Fig. 7*:** Recherches de 2023. Nouveau site. Vue de 1978, avant la visite du gendarme. Correspondance entre plan et photographie aérienne. © PGZ, Inrap.

Ci-dessous / ***Fig. 8*:** Recherches de 2023. Nouveau site.
Vue de 1981, après les constatations du gendarme. © PGZ, Inrap.

IDENTIFIANT DE LA MISSION
C3041-0541_1981_F2641-3041_0012
CLICHÉ n°12
ÉCHELLE: 1/30061
TYPE DE CLICHÉ: Argentique
DATE DE PRISE DE VUE: 13/06/1981

Fig. 9 : Recherches de 2023. Le site en 2021. On voit encore la clairière dans le paysage. La zone n'a pas été bouleversée depuis les années 1960. © PGZ, Inrap.

Fig. 10 : Réalisation des tranchées sur l'ensemble du site.
Vue du sud-ouest. © PGZ, Inrap.

Fig. 11 : Mise en évidence de la zone sépulcrale.
Vue de l'ouest. © PGZ, Inrap.

Fig. 12: Emplacement des creusements au sein de la zone sépulcrale.
© Relevé topographique A. Farge, Inrap. Dao PGZ, Inrap.

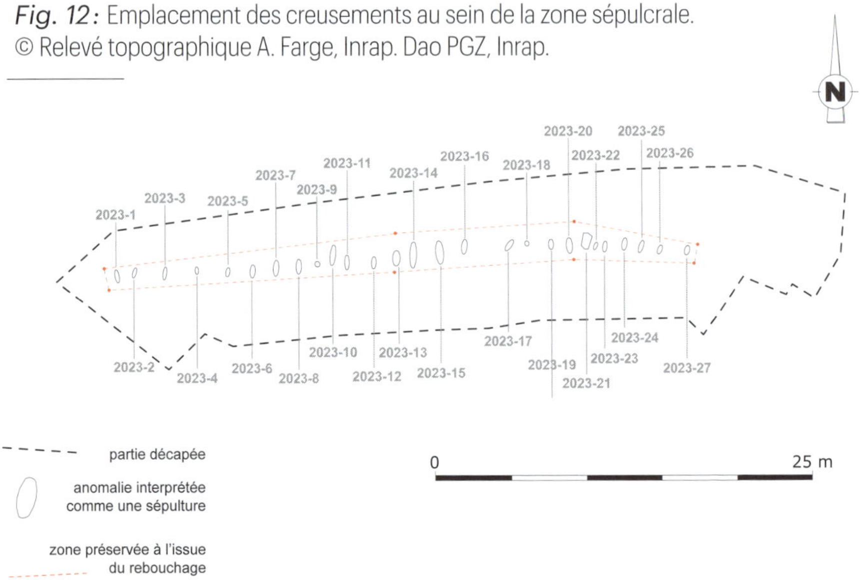

Fig. 13: Sépulture 2023-21, vue de l'ouest.
On voit que la tombe a été maçonnée. © PGZ, Inrap.

Ci-dessus / ***Fig. 14*:**
Sépulture 2023-15. On voit encore dans le remplissage la pierre qui signalait la sépulture.
© PGZ, Inrap.

Ci-contre / ***Fig. 15*:**
Pierres découvertes dans l'environnement des creusements 2023-13, 2023-14 et 2023-15.
© PGZ, Inrap.

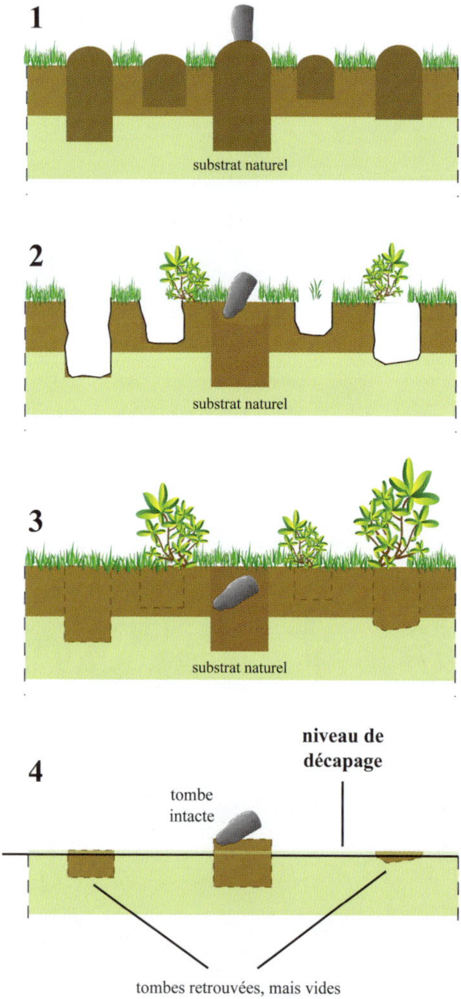

Des tombes sont creusées. Toutes pas assez profondément pour entamer le substrat naturel.

Elles demeurent visibles dans le paysage.

Les tombes sont de moins en moins visibles en surface.

Certaines tombes sont vidées.

Les tombes ne sont plus visibles en surface ; la végétation a repris ses droits.

Les tombes vidées se sont comblées ; le sédiment ne diffère guère de la couche de terre dite végétale.

En l'absence d'os, les creusements n'entamant pas le substrat naturel ne seront pas détectés.

Mais les tombes les plus profondes, celles que l'on repère en décapant, ne comportent pas nécessairement des os ; elles peuvent avoir été vidées. Seule une fouille est en mesure de le déterminer.

Fig. 16 : Schéma théorique de l'évolution du cimetière (en coupe) jusqu'à l'intervention archéologique. © PGZ, Inrap.

Fig. 17 : Protection des sépultures avant rebouchage. Vue de l'ouest.
Le géotextile comme un linceul pour protéger les tombes. © PGZ, Inrap.

Fig. 18 : Détail des pierres découvertes. © PGZ, Inrap.

cyprès comme autant de sentinelles droites dans un pays pourtant venteux, est encadrée par ses vignes. Elle sert à des automobilistes qui, en contournant la RN 580, gagnent Laudun-l'Ardoise sans passer par la ville-rue de l'Ardoise.

Le site Internet du château de Saint-Maurice vante pompeusement un grand côtes-du-rhône. Ne me demandez pas lequel, nous n'avons pas eu l'occasion d'y goûter. Bertrand et moi sommes pourtant amateurs, et ce n'est pas faute d'avoir fait des appels du pied. Mais la relation avec le chef des cultures, capo dans ses vignes, fier d'être à la tête d'une armée de petites mains comme d'autres en leur temps l'ont été avec une population servile, a très mal démarré. Cela n'a sans doute pas aidé à nous faire pénétrer dans le chai, dont le mur comporte le vestige d'un monument romain qui y a été encastré. D'emblée, il n'a pas apprécié notre incursion sur ses terres – enfin celles de son patron, comme il l'oublie certainement. Notre terrain est mitoyen des vignes dont il s'occupe. Il ne voit pas d'un bon œil notre intervention si près de son domaine, à un moment où son personnel s'échine à tailler la vigne. Et c'est surprenant de voir comment, en pleine campagne, où l'espace ne manque pas, quoi que vous fassiez, vous gênez.

La journée est belle. En d'autres circonstances, je fredonnerais une chanson de Michel Berger dont une publicité s'est emparée. Je n'ai pas la tête à ça : il me faut donner des consignes, faire le point avec Bertrand et le chauffeur de la pelle, que je ne connais pas, vérifier l'état de son engin, accueillir la roulotte qui nous servira de camp de base le temps de notre intervention. Pas une minute à perdre. Et je suis un peu excité à l'idée d'effectuer les premières vérifications. Mais, avant, il va falloir faire un peu de communication. Je ne le souhaite pas. On me l'impose. On nous l'impose. Le service régional de l'archéologie, qui assure le contrôle scientifique de l'opération, ne le souhaitait pourtant pas, afin de nous laisser travailler sereinement. Les consignes étaient claires : être discrets et ne rien dévoiler. Autant dire que j'ai trouvé surprenant le coup de fil annonçant la venue d'une journaliste de l'Agence France-Presse (AFP), alors que nous avions à peine commencé. Mais l'ordre vient d'en haut. Il est « ministériel ». La digue avait de toute façon déjà lâché. Alors que la discrétion était de mise lors de la préparation de notre intervention au sein de l'Inrap, l'intervention de mon institut avait été annoncée par Geneviève Darrieussecq, ministre déléguée à la Mémoire et aux Anciens Combattants. Son mandat s'achèvera quelques mois plus tard, à la grande satisfaction des interlocuteurs du dossier des harkis. Ce n'est un secret pour personne, le sujet ne l'intéressait pas, même si on lui doit d'avoir lancé la première opération de Saint-Maurice-l'Ardoise. Le dossier des recherches des cimetières oubliés des harkis prendra une tout autre envergure avec sa successeure, Patricia Mirallès.

Je ne connais pas la journaliste qui vient à notre rencontre, accompagnée d'un journaliste reporter d'images. Pourtant, elle suit le dossier depuis le début. C'est même elle qui l'a révélé au public. Nous ne tardons pas à sympathiser. Il s'agit de Lucie Peytermann, une grande journaliste. Pas seulement parce qu'elle est alors reporter au service international de l'AFP. Ses enquêtes sont longues et fouillées, une façon de faire que les archéologues apprécient. Elles lui ont valu d'être finaliste du prix Bayeux des correspondants de guerre pour ses reportages en Somalie, mais aussi du prix de la Presse diplomatique pour son travail en 2021 sur le génocide des Tutsis et les questions mémorielles entre le Rwanda et la France. Ses faits d'armes sont légion, elle a été aussi deux fois finaliste du prix Albert-Londres, notamment pour des reportages sur les femmes de talibans. Son enquête de quatre années sur le cimetière du camp de Saint-Maurice-l'Ardoise sera récompensée quelques mois plus tard par le prix Général-François-Meyer[1]. Nous nous reverrons à Paris, avant qu'elle me fasse inviter à la cérémonie[2] de cette récompense. Mais, pour l'heure, nous faisons connaissance sur site. Lucie me raconte rapidement

1. À l'issue du conflit franco-algérien, sans tenir compte des directives officielles, le lieutenant Meyer regroupe les membres de sa harka qui veulent partir pour la France dans un poste militaire français. Pendant trois mois, il va attendre avec eux un bateau. Il décidera finalement de les exfiltrer par ses propres moyens vers la métropole. Ce qui lui vaudra des demandes de sanctions. L'annonce élyséenne de son décès conclut de la manière suivante cet épisode marquant : « l'officier français ne veut pas d'une France qui se renie, quitte à se substituer à elle ». Il parvient finalement à installer ses hommes et leurs familles, 350 personnes au total, dans des villages en Lozère où ils deviennent agriculteurs. Il ne les abandonnera jamais, y consacrant ses permissions et son énergie pour favoriser leur intégration.

2. En acceptant le prix Général-François-Meyer, Lucie Peytermann a sans doute vu une occasion supplémentaire d'évoquer le sort terrible que notre pays a réservé aux harkis dans ce magnifique écrin qu'est l'hôtel de Cassini. C'est là que se trouve la Commission nationale indépendante de reconnaissance et de réparation des préjudices subis par les harkis (CNIH), à quelques encablures de Matignon. L'édifice abrite d'ailleurs divers services du Premier ministre. Parquet et corniches de ce cet hôtel du XVIIIe siècle ont été ce jour-là les matériaux idéaux d'une chambre d'écho des valeurs humanistes de cette journaliste d'envergure.

son parcours que je m'empresse de raconter à l'un de mes enfants, passionné de géopolitique. J'apprendrai par la suite que Lucie était à Islamabad quand Ben Laden a été retrouvé et abattu. Elle a vu la fameuse maison d'Abbottabad.

Lucie Peytermann est venue dès le début pour avoir certes la primeur des images, mais aussi pour nous laisser travailler, car elle mesure l'importance de notre tâche comme personne ou presque. Un journaliste de *La Dépêche du Midi*, Pierre Challier, qui relate régulièrement les découvertes de mon institut en Occitanie, a eu une démarche similaire. Il est venu, lui, à la toute fin de l'opération. Loin des approches habituelles des correspondants locaux de la presse régionale, il rendra compte du résultat de nos recherches dans un bel article, qu'aucune erreur ne vient entacher. Il sera publié le 19 mars 2022, jour anniversaire du cessez-le-feu en Algérie. Ce sera la fin du premier acte.

Fermer une porte

Lorsque arrive ce premier jour de fouilles, j'ai parfaitement en tête l'arrêté de prescription qui a été rédigé par Denis Guilbeau. Il est loin des sites du Néolithique dont il étudie l'outillage, du Caucase à la Méditerranée. Mais il est conservateur du patrimoine au service régional de l'archéologie d'Occitanie, sur le site de Montpellier, et à ce titre devenu *de facto* aussi un spécialiste de la question harkie. Comme Bertrand et moi il a été embarqué dans sa folle histoire, en étant touché par l'importance de la mission.

L'arrêté de prescription est un document légal. Il cadre l'opération d'archéologie préventive telle qu'elle va être menée. Dans ce cas, aucun aménagement du terrain ne nécessitait l'intervention d'archéologue. Le « fait générateur » se résumait à la volonté ministérielle de retrouver les tombes. À la demande du directeur de l'ONaCVG du Gard, Pascal Coget, le service régional de l'archéologie a donc prescrit une opération de diagnostic archéologique. Il s'agit de mettre en œuvre les moyens (études documentaires, sondages, etc.) permettant de confirmer ou d'infirmer la présence de vestiges, en l'occurrence des sépultures qu'il n'était pas question cependant de fouiller. Une zone est délimitée même si dans les faits, avec l'accord du conservateur, nous sortirons quelque peu de l'emprise pour pouvoir sonder des anomalies qui apparaissent.

Les diagnostics archéologiques sont réalisés par des opérateurs qualifiés. Chaque diagnostic répond à des critères méthodologiques très précis qui aident à déterminer l'emprise en plan et en épaisseur des vestiges retrouvés.

Le camp de Saint-Maurice-l'Ardoise a accueilli des harkis durant les années 1960 et 1970. Les adultes décédés étaient pour la plupart inhumés au cimetière communal de Saint-Laurent-des-Arbres. Toutefois, les enfants mort-nés ou morts en bas âge ainsi que plusieurs adultes ont été enterrés dans un cimetière attaché au camp lui-même. Le procès-verbal d'enquête préliminaire montre que le cimetière n'est déjà plus entretenu quelques années après la fermeture du camp. La végétation a alors commencé à reprendre ses droits. Ce qui n'a pas empêché le gendarme de retrouver les lieux sans peine. Mais, depuis lors, Denis Guilbeau explique bien que la végétation s'est encore développée. Il note aussi que cette zone militaire permet depuis des années aux légionnaires du 1er régiment étranger de génie (1er REG) de se former[1]. Il y a un risque que la topographie et la géographie actuelles soient donc très différentes. En marge du terrain militaire, une zone pourrait correspondre à ce cimetière. Néanmoins, aucune tombe n'est identifiable et ses limites précises demeurent indéterminées. C'est pourquoi il est absolument indispensable de tenter de le localiser par le biais d'excavations réalisées avec un engin mécanique et sous le contrôle d'archéologues. II est prévu de repérer au moins deux sépultures pour confirmer la localisation du cimetière, puis d'en déterminer les limites.

Hormis la question de sa localisation, nous y reviendrons, le procès-verbal d'enquête préliminaire livre des détails importants sur le cimetière. Nous devons

1. Le 1er REG a été créé le 1er juillet 1984 sous la dénomination de 6e REG ; il est rebaptisé 1er REG en 1999. Il est stationné au quartier général Rollet à Laudun-l'Ardoise depuis sa création.

les garder en mémoire. De ces informations va dépendre la stratégie que nous allons adopter. Le cimetière mesure « 50 mètres de long sur 07 mètres de large[1] ». Par ailleurs, le gendarme a constaté la présence de « plaquettes de bois numérotées » fichées en terre. À l'aide de ces repères, il dénombre trente et une tombes, « du N. 1 au N. 31[2] ». Enfin il détaille une rangée de tombes « orientée EST-OUEST, les pieds des défunts étant dirigés vers le NORD[3] ». Par conséquent, nous recherchons *a minima* une rangée orientée est-ouest de trente et une tombes (d'orientation nord-sud) alignées sur une cinquantaine de mètres de long.

Avant de mettre en évidence des ossements, nous allons d'abord chercher les traces du creusement des fosses dans le sol selon ces dispositions. C'est pourquoi je ne suis pas inquiet, alors que beaucoup s'interrogent sur la disparition éventuelle des ossements des bébés. Cette question revient souvent quand on fait ce type de recherche, comme dans le contexte judiciaire. La disparition totale d'un sujet est possible au cours d'un temps (relativement) long pour différentes raisons. Je

1. ADG 1073W24 : feuillet n° 1.
2. ADG 1073W24 : feuillet n° 2.
3. *Ibid.*

procède alors toujours de la même façon. Je fais le point sur les découvertes archéologiques de tombes dans les environs de la zone qui m'intéresse. J'apprends ainsi que des collègues ont trouvé des sépultures gallo-romaines il y a peu, à proximité de notre zone. Deux mille ans n'ont pas fait disparaître des sujets. Difficile de croire donc que tout a disparu en soixante ans. Quand bien même, il resterait les fosses alignées. Ça, rien ne peut les faire disparaître. Notre méthodologie est donc d'une simplicité enfantine. Nous choisissons de procéder par sondages à l'aide d'une mini-pelle hydraulique. Mais, avant l'emploi de l'engin, nous devons tester manuellement quelques-uns des nombreux tas qui apparaissent ici ou là. Ils nous font penser aux tombes traditionnelles des cimetières musulmans. Ils mesurent quelques décimètres de haut et sont orientés est-ouest pour deux d'entre eux. Bertrand se charge d'en fouiller trois. Mais la déception arrive rapidement. Ce qui se présentait comme des formes oblongues s'avère globalement circulaire après nettoyage. Ces reliefs sont des accumulations de galets ; ils ne recouvrent aucune trace de creusement. Ce ne sont pas les tombes tant recherchées.

Nous pouvons passer aux investigations mécaniques. La mini-pelle hydraulique dont nous disposons permet de circuler entre les arbres. Elle est équipée d'un godet, lisse, pour que nous puissions réaliser nos observations. Nous n'allons pas le lâcher des yeux, car c'est ce godet qui est susceptible de faire apparaître les traces tant attendues. Comme dans un match de tennis, je nous surprends à tourner la tête en rythme pour le suivre et surveiller si, dans les terres rejetées, il n'y a rien qui soit susceptible de nous intéresser.

Nous ouvrons dix-huit tranchées sur l'ensemble de la surface défrichée, sauf dans le coin nord-ouest en raison de la présence d'importants déblais de construction. Les archéologues, qui se réjouissent de retrouver ce que les sociétés anciennes ont jeté, sont effarés par les décharges sauvages qui jonchent le moindre sous-bois de notre pays. Les tranchées sont longues, jusqu'à plus de vingt-sept mètres pour l'une d'entre elles. Elles couvrent une surface supérieure à quatre cents mètres carrés, soit quatorze pour cent de la surface totale telle qu'elle a été délimitée dans l'arrêté. Nous creusons les tranchées selon une orientation globalement nord-sud, de telle sorte qu'une rangée de tombes est-ouest ne pouvait passer inaperçue, tout en prenant soin de tester les anomalies visibles.

Nous ne descendons pas très profondément. En effet, sous une couche de terre humique, très organique, qui est liée à la présence des arbres, se trouve un niveau de colluvions sablo-limoneuses ocre jaune irrégulièrement chargées en galets, à une trentaine de centimètres de profondeur. En d'autres termes, il y a plusieurs millions d'années s'est installé un dépôt de pente, qui s'est mis en place par la gravité. C'est sur cette couche que nous nous arrêtons. Elle va nous permettre de déterminer si les hommes ont creusé des sépultures récemment. Si c'est le cas, cette couche aura été traversée. Elle portera, par conséquent, les stigmates de cette action. Mais ce n'est pas le cas. Toutes les tranchées sont négatives. Aucune n'a révélé d'anomalie à ce niveau et nous avons l'assurance que ce ne peut pas être en dessous. Le cimetière ne se situe pas sur cette parcelle. C'est indubitable.

Le procès-verbal précisait aussi que le cimetière se trouvait dans une clairière entre des rangées de chênes verts et de chênes blancs. Or la zone sur laquelle nous avons travaillé n'a jamais été une aire ouverte, et en tout cas pas au moment des constatations réalisées par le gendarme en 1979. Il n'existe pas de photographie aérienne de cette année-là, mais les deux missions de l'Institut national de l'information géographique et forestière (IGN) qui encadrent cette année[1] ne laissent aucun doute à ce sujet : le terrain est traversé par une piste. Et Bertrand est formel. Il n'y a aucune trace de chênes blancs là ou dans les environs.

Le travail n'est pas terminé pour autant. Les arguments d'autorité ne tiennent pas. Malgré ma probité, je ne peux pas être cru sur parole. Je dois produire des documents. Je photographie et enregistre sur des fiches destinées à cette fin chacune des tranchées et les anomalies rencontrées et testées. Je profite aussi de l'aide d'Antoine, un topographe de mon institut. Son rôle est primordial. Il doit relever les tranchées pour les coucher sur un plan. Tout doit être géoréférencé. Il va pouvoir réaliser des documents de première importance. Et il a l'énorme qualité de fumer des cigarettes roulées, mon péché mignon sur les chantiers et ailleurs. La pression est retombée, la cigarette de fin d'après-midi est un bonheur. C'est dans ce moment de plénitude qu'il m'a parlé la première fois de la Winckelmann Cup, tournoi européen de football des archéologues du nom du fondateur

1. Identifiants des missions de l'IGN : C2940-0061_1978_FR9040_0126 et C3041-0541_1981_F2641-3041_0012 pour respectivement les missions de 1978 et de 1981.

de l'histoire de l'art et de l'archéologie en tant que disciplines modernes. Je ne me doute alors pas un seul instant que je serai accueilli de la plus belle des façons par les As de Nîmes[1].

Sur le terrain, notre travail est terminé. Mais Bertrand et moi sommes là aussi pour donner des explications à Nadia. Elle est déçue. Nous ne le sommes pas moins. Tout comme Malika Tabti et sa sœur, Ourida, qui recherchent leur grande sœur, décédée en 1963 alors qu'elle avait à peine plus d'un an. Elles sont venues de loin pour appréhender le travail effectué. Elles nous racontent leur combat et, malgré la déception, c'est la bonne humeur qui règne ; notre discussion qui se poursuit jusqu'à la table d'un restaurant situé non loin.

Nadia croyait à cette hypothèse, son hypothèse, qu'un témoignage oral avait en outre confortée. Mais Bertrand et moi prenons le temps de lui expliquer notre façon d'opérer. Nous lui apprenons à lire les couches que les tranchées recèlent. Nadia a confiance dans notre travail. Elle découvre notre engagement à retrouver les tombes. Elle a vu aussi combien, une

1. Dans cette compétition, les équipes ont l'obligation d'avoir au moins une femme sur le terrain pendant toute la durée du match. L'équipe de l'Inrap s'est classée en huitième place de la compétition à Oxford en 2024.

semaine durant, tous les acteurs de ce dossier se sont démenés pour retrouver ce cimetière, jusqu'au chef de corps du 1er REG, à notre service en cas de besoin. Le lien est créé. L'empathie joue son rôle. Nous n'allons pas abandonner. Nous allons reprendre le dossier, tout recommencer.

Cette opération, qui a duré moins d'une semaine, n'a certes pas apporté les résultats escomptés ; pour autant, nous ne la considérons pas comme négative. Une étape a été franchie. C'est ce qu'on appelle dans les enquêtes judiciaires « fermer une porte ». Quand bien même aurions-nous eu des doutes sur cette localisation, la vérification aurait été indispensable. Même si elle ne donne rien, c'est un résultat. Nous avons la certitude que les tombes ne sont pas là. Il faut les chercher ailleurs.

Rachid l'exilé

Quelques heures après le creusement des premières tranchées, un homme arrive par les vignes. Il se prénomme Rachid. Il habite à proximité. Il est passé par le camp et ne s'en est jamais éloigné. Rachid est « en mission » pour une des associations harkies qui militent afin qu'on n'oublie pas ce qui s'est passé dans les environs. Mais il n'est pas là pour nous surveiller. Il veut comprendre ce que nous faisons et doit en « rendre compte », comme disent les militaires. Nous venons à peine de commencer. Nous n'avons pas d'avis définitif, mais nous nous plions sans peine à la nécessité de lui répondre. La pédagogie est dans l'ADN de tous les archéologues. Ils savent adapter leur discours. Cette visite impromptue n'est par conséquent pas un problème en soi, mais est-elle de bon augure ? Allons-nous être confrontés à un défilé incessant de curieux et de représentants des associations ? Si des observateurs, aussi bienveillants soient-ils, passent tous les jours, voire plusieurs fois par jour, cela risque de nous ralentir, indéniablement. Le temps qui nous est imparti pour mener à bien les recherches s'avère contraint. Nous n'avons que cinq jours. Et c'est beaucoup compte tenu de la surface par rapport à une opération plus classique. Mais il est aussi de notre devoir d'expliquer nos objectifs et notre méthode. Hors de question donc de rester silencieux. Et Rachid sera finalement la seule visite. J'en garde un souvenir ému.

Dès que je l'ai vu, je suis allé à sa rencontre, autant par curiosité que par devoir. J'étais bien évidemment prêt à échanger sur le motif de notre présence – il était parfaitement au courant –, mais aussi curieux d'en apprendre davantage sur lui. Alors, assez rapidement, parce qu'il n'avait pas l'intention de nous déranger, la conversation a évolué. Vers le foot d'abord. J'ai trouvé dans le logo de sa veste de survêtement un bon moyen de nous extraire de ce douloureux dossier. Rien de tel qu'un détour par le foot pour parler des choses sérieuses. Mais, avant, je n'ai pas manqué de l'interroger sur le camp, ses souvenirs et ceux des autres. Je me souviens en particulier de quelques remarques au sujet d'un des directeurs du camp (assertions que je vérifiai plus tard aux archives départementales).

Je mentirais si je laissais croire que je me rappelle mot à mot la conversation. Mais, à tout le moins, je me souviens du sourire de Rachid. De ses yeux aussi. Plus que ses yeux, en fait, je me rappelle la façon qu'il avait de les plisser quand il souriait. Tels les cernes d'un arbre, ses rides, comme autant de témoignages de journées passées au soleil, révélaient son âge. J'ai du mal avec les noms, souvent, mais avec un visage, beaucoup moins. Je reconnaîtrais sans peine Rachid si je le recroisais.

En quelques instants, nous sommes passés de l'objet de notre présence à la Kabylie dont il est originaire, sans oublier le foot international et le club local auquel il a appartenu. La Kabylie, je ne la connais que de nom. Mais j'adore un de ses plus prestigieux représentants, sans nul doute l'un des artistes qui ont exprimé le mieux le déracinement : Slimane Azem, chanteur kabyle, réputé être à juste titre le « chanteur de l'exil ». Rachid est très surpris que je le connaisse et que je l'écoute régulièrement. Véritable idole des Kabyles, il a fini sa vie à Moissac, à deux pas de chez moi. Il y est enterré depuis 1983. Il se trouve que depuis 2015, sous l'impulsion de son neveu Bruno Azem, les membres de l'association Les Amis de Slimane Azem lui rendent hommage le dernier samedi du mois de janvier.

Une chanson interdite par la France durant le conflit, un frère député, une interdiction à vie de retourner en Algérie après la critique du régime au pouvoir après l'indépendance, un répertoire interdit par le régime militaire, Slimane Azem symbolise la complexité de cette période et comment les vicissitudes de l'Histoire peuvent vous ballotter d'un côté à l'autre de la Méditerranée aussi facilement qu'un fétu de paille. Un square à Moissac a été baptisé à son nom en 2008, non loin de l'abbaye Saint-Pierre, connue pour son cloître magnifique, où j'ai travaillé plusieurs fois. À maintes reprises j'ai renseigné de fervents admirateurs qui cherchaient l'endroit, étape de pèlerinage plus récente que le cimetière de la ville situé en périphérie. J'ai surtout perçu combien il est encore important pour les Kabyles lorsque j'ai séjourné en Algérie où j'ai eu la chance de participer à la fouille archéologique sur la place des Martyrs, au cœur d'Alger. Les travaux d'infrastructure liés à la construction du métro se déroulant dans le périmètre de la Casbah, inscrite au patrimoine mondial de l'humanité par l'Unesco depuis 1992, il avait été jugé nécessaire de réaliser une fouille archéologique préventive. C'était l'occasion de comprendre et documenter comment deux mille ans d'occupation, de la période coloniale à l'Antiquité, s'étaient transformés en une accumulation de couches sur sept mètres de profondeur. J'étais d'autant plus enjoué d'y aller que j'avais lutté des mois durant, en vain, afin que les fouilles d'une chapelle de l'abbaye de Moissac soient considérées à leur juste valeur en raison de la protection Unesco du fameux cloître et du portail roman, au titre des Chemins de Saint-Jacques-de-Compostelle en France. La fouille était une collaboration entre mon institut et, du côté algérien, le Centre national de recherche en archéologie. L'équipe était mixte et je me suis rapidement rendu compte que, du côté algérien, ils venaient tous ou presque de Kabylie et le revendiquaient fièrement. Les chansons de Slimane Azem participèrent alors pleinement à la mission auto-attribuée de me faire découvrir virtuellement cette région que je ne connaissais pas. Dans la chanson « Algérie mon beau pays », poésie nostalgique, il raconte ce qu'a été son départ d'une terre qu'il ne reverra jamais :

Je me rappelle cette nuit d'orage
Entouré de mon père et de ma mère
En exil dès mon jeune âge
J'ai préparé mes affaires
Pour mon premier voyage
M'exiler au-delà des mers
Je revois d'ici mon village
Et tous ceux qui me sont très chers...

Pour une raison qui m'échappe en grande partie, l'exil me touche. Sans doute parce que j'aime le sentiment de nostalgie. Je n'hésite d'ailleurs pas à l'écouter dès que le soleil revient. Quand la température m'autorise à porter chez moi ma galabeya préférée, l'équivalent de la djellaba pour l'Égypte, je me plonge volontiers, avec une certaine volupté, dans cette chanson de Slimane Azem. Son timbre et son accent y sont incomparables. Certaines de ses intonations me rappellent l'accent des vieux qui parlaient occitan. La nostalgie est à son paroxysme dès le début de la chanson, qui s'ouvre avec une longue mélodie de cordes.

En juin 2016, j'assiste à un concert de Mouss et Hakim du groupe Zebda à Moissac. Le soleil et la chaleur sont là. Aux pèlerins du chemin de Saint-Jacques qui traînent sur les terrasses se mêlent des Kabyles ; certains sont venus de loin. Ils attendent l'heure de rentrer dans les Halles, renommées Halles de Paris depuis leur reconstruction après les grandes crues du Tarn de 1930 grâce à la participation financière de la capitale (dont le nom et les armoiries y figurent en bonne place). Eux, ma femme et moi sommes là pour écouter les deux artistes évoquer la vie de Slimane Azem et ses chansons. Je ne comprends que les chansons en français, mais pioche ici ou là quelques mots d'arabe. Je ne comprends rien en revanche au kabyle. Ce qui ne m'empêche pas de profiter des anecdotes qui s'intercalent entre les performances. Celles-là abondent : leur père était manifestement un fervent admirateur du chanteur défunt. Ses chansons ont peuplé leur enfance. La famille de Slimane Azem est là, mise à l'honneur. Il y a aussi François. Un ami à lui, que j'ai vu pour la dernière fois furtivement à ses funérailles, l'a entraîné dans cette soirée. François prend autant de plaisir que moi. Je vois que la vie de Slimane Azem et les valeurs véhiculées par ses chansons le touchent. Nous en avons reparlé plusieurs fois, par la suite. Lui comme moi avons toujours eu de l'empathie pour les déracinés, ceux qui viennent d'ailleurs, abandonnant parfois leurs proches, leurs biens pour toujours, mais pas forcément leur culture. J'envie la chance de ceux qui ont deux ou plusieurs cultures. Vu l'hostilité des habitants du coin, il n'est pas sûr que ceux qui sont passés par le camp partageraient mon point de vue. Nous avons maintenant une histoire commune qui a marqué les esprits, les corps et le paysage, y compris en France.

Je repense à Jean-Pierre Vernant, éminent spécialiste de la Grèce ancienne, qui termine son ouvrage

La Traversée des frontières[1] par un texte intitulé « Franchir un pont ». Il y écrit que « chaque individu humain doit assumer sa part d'Hestia et sa part d'Hermès. Pour être soi, il faut se projeter vers ce qui est étranger, se prolonger dans et par lui. Demeurer enclos dans son identité, c'est se perdre et cesser d'être. On se connaît, on se construit par le contact, l'échange, le commerce avec l'autre. Entre les rives du même et de l'autre, l'homme est un pont. » Slimane Azem le montre. Jalon sur le chemin de la tolérance, il est un lien indéfectible qui unit la France et l'Algérie.

1. Jean-Pierre Vernant, *La Traversée des frontières*, Paris, éditions du Seuil, 2004.

Remettre l'ouvrage sur le métier

« Fermer une porte », comme disent les enquêteurs, est l'inverse de repartir de zéro. Nous avons franchi une étape décisive. Les intervenants du dossier ont pesé de tout leur poids pour que le diagnostic archéologique soit réalisé dans les meilleures conditions. Aucune autre recherche ne pourra se passer dorénavant du regard des archéologues. Et nous savons maintenant que l'endroit présupposé n'est pas le bon. Nous en sommes certains. Il faut remettre l'ouvrage sur le métier. Auparavant, je dois moi aussi me rendre aux archives départementales du Gard. Je veux voir de mes propres yeux les documents à l'origine de cette recherche. Je ne veux plus me contenter des photographies numériques du procès-verbal d'enquête préliminaire portant sur la « Création d'un cimetière sur la commune de LAUDUN », daté de 1979, et du « Registre d'inhumation provisoire au camp militaire de l'Ardoise », ouvert le 19 février 1963. Malgré une demande incomplète et pas envoyée aux personnes habilitées, je réussis à consulter les documents et d'autres à condition d'avoir à chaque demande l'assentiment de la conservatrice de l'après-midi qui, tel un cerbère, empêche les archives de s'échapper de leur antre et les vivants de venir les récupérer au comptoir. Elle me délivre les autorisations nécessaires avec parcimonie pour les dossiers recelant potentiellement des informations personnelles sur les proches des individus décédés. À cette fin, je me sers des noms de famille retrouvés dans le registre d'inhumation. Je profite aussi de cette journée pour consulter la matrice cadastrale des propriétés bâties et non bâties de Laudun-l'Ardoise entre 1941 et 2003 et deux dossiers sur les travaux et marchés liés à la cité d'accueil de Saint-Maurice notamment. Sait-on jamais, j'y trouverai peut-être la mention du cimetière au détour d'une feuille. Malheureusement, ce n'est pas le cas. Toutes ces recherches sont infructueuses. Mais je dispose désormais de mes propres photographies des documents, de meilleure qualité. Je vais avoir le loisir de les regarder à tête reposée, dans mon bureau et chez moi.

Ne pas retrouver les sépultures au lieu dit « Rossignac » demeure une surprise. Nous avions en effet dans le procès-verbal d'enquête préliminaire une notion de distance qui poussait à privilégier cette zone :

> On accède au cimetière, y est-il relaté par le gendarme, en passant par un chemin goudronné reliant la RN 580 au CD 121, non loin du château de Saint-Maurice, propriété privée. À 200 mètres environ à droite après le château, un petit chemin de terre long de 50 mètres conduit au cimetière. Ce chemin a été ouvert au milieu de chênes verts[1].

Or nous étions à exactement deux cents mètres du château. Comment est-il possible que les tombes ne soient pas à cet endroit ? Avons-nous manqué quelque chose ? Je dois relire le document, encore et encore, en me mettant à la place du gendarme. Je ne dois pas me focaliser sur le texte, mais privilégier le plan de localisation général et celui du cimetière, tous deux annexés au procès-verbal. Ils tendent en effet à privilégier une autre zone de recherche.

Le plan de localisation, réalisé au 1/50e, est précis. Il comporte différents repères que le gendarme a fait figurer (voie ferrée, camp de Saint-Maurice, château

1. ADG 1073W24 : feuillet n° 2.

de Lastours, etc.). En les replaçant par transparence sur la carte topographique IGN, il s'avère que la flèche désigne une zone plus au nord, plus précisément au nord-ouest de la parcelle BA0038. C'est un début de piste.

Dans un article consacré à la disparition du petit Émile dans le village du Haut-Vernet, le journaliste Dominique Delpiroux raconte qu'un vieil inspecteur toulousain répétait toujours : « Il nous faudrait attraper le petit bout de ficelle ! » En tirant sur la ficelle jusqu'à la pelote, le moindre indice permet de résoudre l'énigme. C'est exactement ce que j'ai fait. Sur la base de cette nouvelle proposition de localisation, je vais chercher les photographies aériennes de la zone. Je me rends compte que ce nouvel emplacement était boisé, au moins jusqu'au 13 juin 1962. En revanche, on le retrouve défriché l'année suivante, au moins dès le 25 mai 1963, date du cliché aérien que je consulte. Il a la forme d'une clairière dont les similitudes avec le plan du procès-verbal sont grandes. La forme et les distances coïncident. On voit sur les photographies qu'on y accède par un sentier, comme sur le plan. Enfin, il est important de s'assurer que les exercices militaires n'ont pas impacté ce secteur. La clairière était encore visible en 1979, très logiquement, puisque le gendarme l'a décrite. Je passe minutieusement en revue tous les clichés depuis 1963 auxquels je peux accéder. Je suis rassuré : la zone n'a fait l'objet d'aucuns travaux.

L'hypothèse que les sépultures se trouvent là s'impose dans mon esprit comme une évidence. Je soumets le raisonnement et les éléments à Bertrand qui acquiesce. Toute la démonstration est couchée dans un rapport. J'ai planté une graine. Le temps va faire son œuvre. Reste à réaliser un décapage archéologique pour confirmer ou non la présence de fosses d'inhumation à cet endroit.

Retour sur site

Près d'une année plus tard, en mars 2023, la deuxième phase, que nous espérons être la seconde, la dernière donc, s'organise. Avant d'intervenir, comme la première fois, une visite préparatoire est organisée sur place. Il s'agit de montrer la zone à défricher avant notre intervention et de régler quelques questions techniques. Étonnamment, je m'en aperçois aussi, pour convaincre encore. La démonstration dans le rapport que j'ai rendu est pourtant claire, me semble-t-il. Le plan du gendarme se superpose parfaitement à la carte IGN. La flèche du cimetière nous amène à une zone qui a été déboisée avant que les harkis n'arrivent en France et la forme et les dimensions de la clairière après déboisement correspondent parfaitement au schéma du gendarme. Pour autant, alors que nous venons à peine d'arriver et que je commence à refaire ma démonstration, avec toutes les réserves méthodologiques de circonstance, l'une des personnes présentes préfère interroger un groupe de chasseurs habitués des lieux. Je me rends compte que ma démonstration, pourtant validée par deux de mes collègues expérimentés, Bertrand et Denis, dont c'est le rôle officiel, peut voler en éclats à tout moment. La situation est absurde. Si ces chasseurs avaient eu vent de quoi que ce soit, la médiatisation du dossier les aurait fait sortir du bois bien avant. Mais, là, nous voilà tous engagés au plus profond des bois, loin de la parcelle identifiée, à la recherche d'une énigmatique tombe de soldat allemand dont un chasseur croit avoir eu vent, avant de revenir à la raison et de m'écouter.

La zone a subi un incendie, mais ne présente aucune contrainte majeure. Je suis aussi rassuré : elle n'a pas été touchée par des aménagements, elle n'a pas non plus servi récemment de terrain d'entraînement pour les pilotes des engins des légionnaires du 1er REG. On y accède facilement et je vois où je vais pouvoir faire déposer la roulotte qui nous servira de camp de base durant la semaine. Le terrain est plus vaste que le précédent. Même si nous ne recherchons qu'une seule rangée de tombes, disposée en fond de parcelle, nous allons la tester sur toute sa surface avec une extrême vigilance. L'étendue et l'absence d'arbre nous permettent de prendre un engin mécanique plus imposant que la dernière fois, avec un godet plus large. Ce qui nous fait gagner en confort pour nos observations. Bref, tout est au vert. Encore une fois, tout le monde a fait de son mieux pour accélérer les démarches administratives et fluidifier les échanges entre les services. L'entrepreneur à qui nous louons la pelle mécanique a l'habitude de travailler avec des archéologues. Il vient en personne conduire la pelle, gage supplémentaire de qualité et de confidentialité. Nous formons une belle équipe. Bertrand et moi dépendons de sa façon de décaper.

Il fait beau ce jour-là. Le mont Ventoux s'offre à nous dès la première matinée de manière majestueuse. En le voyant, je ne peux m'empêcher de penser aux harkis de Kabylie. Ce paysage leur rappelait-il le massif montagneux du Djurdjura ?

Notre méthodologie ne diffère pas de la fois précédente. Les tranchées ont une orientation et une profondeur identiques. Avant d'entamer le premier coup de pelle mécanique, il n'y a pas de tension, mais le doute rôde dans mon esprit. Le sentiment est mitigé. Tout indique que le cimetière est là. J'en suis même certain. Mais tant que les fosses n'apparaissent pas, j'ai encore du mal à croire qu'on va résoudre cette énigme. Rien n'apparaît dans les soixante mètres de la première tranchée. Ce n'est pas grave. J'ai volontairement fait défricher large. J'ai du mal à me repérer dans l'espace, mais je suis manifestement à l'extérieur encore. Nous poursuivons. Dès la deuxième tranchée apparaît ce que nous appelons pudiquement une anomalie. Impossible d'aller plus loin dans l'interprétation avant de la tester. Puis nous en retrouvons dans les deux tranchées suivantes, ce qui nous conduit à décaper une zone d'une cinquantaine de mètres de long pour presque neuf mètres de large, selon l'axe de la rangée induit par la localisation de ces anomalies. Nous poursuivons tout de même les sondages. Il ne faudrait pas manquer des sépultures que le gendarme n'aurait pas observées. Il n'était pas archéologue après tout.

À l'issue de nos investigations, nous avons trouvé les traces de vingt-sept creusements et des vestiges de maçonneries sur une bande d'environ trente et un mètres de long sur deux mètres cinquante de large. Avant de démontrer la présence d'ossements humains, ces anomalies ne sont pas encore des sépultures. Dans notre esprit, bien évidemment, nous avons franchi le cap. Pour deux raisons. Les éléments que Bertrand et moi, désolés une fois de plus des incivilités de nos concitoyens, avions repérés en surface sont en fait liés à des tombes construites avec des matériaux de construction, identiques à ceux qu'on trouvait dans le camp. Par ailleurs, des pierres caractéristiques ont été retrouvées dans le remplissage ou dans l'environnement de plusieurs fosses. Elles étaient dressées à la tête et/ou aux pieds, comme le laissent voir les sépultures musulmanes traditionnelles. Subodorer n'est pas certifier. Il faut documenter. Nous devons être certains que les creusements contiennent bien des os humains. Il ne s'agit pas de les fouiller complètement, et encore moins de prélever des os, mais d'identifier au moins deux sépultures dans l'alignement, à l'instar des préconisations du cahier des charges.

La première anomalie testée est apparue vingt-cinq centimètres sous la surface actuelle de circulation. Elle est plutôt grande par rapport aux autres. La pelle mécanique est délaissée au profit d'une truelle. Ce n'est toutefois pas l'outil que vous trouverez dans une enseigne de bricolage classique. Si ce type d'outil n'est pas spécifique aux archéologues, celles que nous utilisons sont forgées. Elles sont plus rigides que celles du commerce. Elles permettent de gratter le sol sans qu'une pierre ou des cailloux fassent dévier le geste. La fosse est visible en surface. Le sédiment de son comblement est plus foncé que la couche dans laquelle elle a été creusée. Ça se voit nettement. Il va être facile de la tester. L'exercice consiste à descendre à l'intérieur de la fosse. Nous privilégions l'extrémité sud, susceptible d'accueillir le crâne. Elle s'avère peu profonde. Le fond est atteint rapidement. Cette fosse ne contient aucun os. C'est frustrant, mais somme toute assez compréhensible. Le gendarme avait, en effet, remarqué que certaines fosses avaient été vidées, sans savoir lesquelles ni pourquoi.

Les deux anomalies suivantes auxquelles nous nous attaquons contiennent des os. C'est indubitable : le cimetière tant recherché a été retrouvé. Nous exultons. Nous prenons un peu de temps pour nous aussi. Car, après les coups de fil obligatoires, les visites vont s'enchaîner. Je préviens aussi Nadia et Lucie qui sont à mes côtés depuis les premiers jours de fouilles. Je sais qu'elles resteront discrètes avant une annonce qui va devenir officielle. À la demande de Patricia Mirallès, alors secrétaire d'État aux Anciens Combattants et à la Mémoire, très investie sur le dossier, je vais par la suite répondre à quelques sollicitations. C'est officiel. Les tombes du cimetière du camp de Saint-Maurice-l'Ardoise ont été retrouvées.

Par charité, je passerai sous silence le nom du visiteur parasite, prétendant permanent des cabinets ministériels. Il a sans doute vu là le moyen de profiter de cette réussite collective à peu de frais. Son cas est loin d'être isolé. En témoignent les tentatives d'une doctorante dont l'ambition peut se résumer au nombre de coups de téléphone qu'elle passe ou fait passer... En revanche, j'ai été très touché par la visite du colonel François Perrier en tant que chef de corps du 1er REG. Il n'a pas feint les sentiments devant les tombes et il a fait en sorte qu'un de ses légionnaires, très loquace, passe quotidiennement pour s'assurer que tout allait bien. Je le savais attentionné. J'en ai maintenant la preuve.

Les tombes révélées

Le cimetière du camp de Saint-Maurice-l'Ardoise a été retrouvé, localisé et, dans une certaine mesure, caractérisé. L'étude documentaire le laissait présager. En révélant la présence d'ossements dans deux anomalies, nous en avons aujourd'hui la preuve formelle. Le diagnostic archéologique consiste à recueillir le maximum d'informations en portant atteinte le moins possible aux sépultures, aux vestiges. Même si ce n'était pas l'objectif prioritaire, nous avons observé ces sépultures avec notre regard d'archéologue. C'est important, car certains propos laissent croire que ces corps n'avaient pas de sépulture. On a même pu lire que les harkis avaient été enterrés comme des chiens. Je comprends la souffrance, mais ne peux pas mettre de côté ce qui a été observé. Ils ont été délaissés, mais ils ont été inhumés, avec respect, nous le verrons ; les tombes étaient même signalées, en tout cas visibles dans le paysage. Nous avons reconnu dans certaines pierres (retrouvées uniquement près des tombes, nulle part ailleurs sur les plus de quatre mille mètres carrés que nous avons sondés) comme des éléments de signalisation. Ces pierres étaient vraisemblablement fichées, comme on a coutume de le faire en Afrique du Nord.

Au risque de surprendre, même si les textes sur les coutumes funéraires sont pléthores, la réalité des faits montre une certaine variabilité des pratiques funéraires musulmanes selon les endroits et les époques. On a coutume de lire que craignant par-dessus tout l'idolâtrie et le culte des morts, il est fait obligation aux musulmans d'enterrer le défunt dans une structure légère destinée à s'effacer. Les hadiths[1] recommandent d'ailleurs l'aplanissement des tombes, en vue de leur disparition dans le paysage. Ce commandement ne fut à peu près jamais respecté. Et, dans ce cimetière, il y avait des sépultures bâties modestement mais suffisamment pour qu'elles durent. Elles nous ont échappé au début, mais elles étaient là. Il fallait juste

1. Les hadiths sont les recueils de tous les dits, faits et gestes de Mahomet et constituent avec le Coran le socle théologique et législatif de l'islam.

recontextualiser la mise en place des tombes, opérée au tout début du camp par des gens dépourvus de tout moyen. Dans ces conditions, la récupération a permis de construire une dernière demeure à leur défunt. Ainsi, l'une des sépultures à laquelle nous nous sommes particulièrement intéressés, celle d'un enfant, était initialement couverte par une maçonnerie composée de briques plates. Elles nous sont apparues une vingtaine de centimètres sous le niveau de sol. Entières ou fragmentées, elles étaient scellées et ménageaient à l'origine un vide partiellement encore présent lors de la découverte. Le bébé qui s'y trouvait était allongé sur le côté droit, la tête placée au sud, le visage orienté vers l'est. L'autre tombe qui affleurait presque a fait l'objet d'un aménagement sommaire de plaques de ciment calées par des briques creuses, voire des galets. Ces plaques de récupération ménageaient également un vide encore présent en partie lorsque nous les avons soulevées.

D'un point de vue théorique, seules ces deux anomalies peuvent être interprétées avec assurance comme des sépultures en raison de la présence avérée d'ossements humains. Cependant, le contexte, la présence de marqueurs, les maçonneries et les similitudes avec les informations présentes dans le procès-verbal de la gendarmerie permettent sans peine d'envisager que les vingt-cinq autres anomalies sont également des sépultures. Notre mission n'avait pas pour objectif de déterminer si elles comportaient encore des ossements humains. Dans une démarche éthique, qui était notre fil conducteur, nous avons mené ces recherches de la manière la plus respectueuse qui soit. Le sédiment dans son entier et tous les éléments de construction ont été replacés dans la tombe où ils avaient été prélevés lors des tests, après avoir recouvert les os d'un feutre géotextile, comme un linceul. Chacune des sépultures a été couverte de la même façon afin de les protéger et de les retrouver en cas d'investigations complémentaires, ce qui n'est pas exclu. On n'a pas le droit d'enterrer n'importe quoi.

Nous avons retrouvé finalement vingt-sept creusements. Mais le gendarme indique dans procès-verbal la présence de trente et une sépultures. Peut-on considérer ce nombre comme exact ? Il semble que oui même si le passage à ce sujet dans le procès-verbal est sibyllin : « Nous avons constaté que des plaquettes de bois numérotées étaient fichées en terre. À l'aide de ces repères, nous avons pu dénombrer 31 tombes, du N. 1 ou N. 31 – Certaines de ces tombes (neuf) ont été ouvertes, il semble il y avoir quelques années.

Dans les trous, aucun ossement n'a été découvert[1]. » Le maréchal des logis-chef François B. a manifestement compté le nombre de sépultures en se fondant sur les numéros des étiquettes présentes, voire sur le « Registre d'inhumation provisoire au camp militaire de l'Ardoise » qu'il avait également. Il manquerait donc quatre sépultures. Des intervalles entre les sépultures sont manifestement liés à l'existence de chemins dans cette partie du site. Ceux qui sont plus grands que les autres peuvent être le signe de la disparition des tombes manquantes, peut-être en raison de leur faible profondeur. Les sépultures des individus les plus petits peuvent en effet avoir été creusées peu profondément. L'archéologie est en mesure de mettre en évidence tous les creusements. Mais si une fosse a été creusée peu profondément, sans percer la couche qui s'est mise en place bien avant l'arrivée de l'homme et qu'elle ne comportait plus d'os, il n'a pas été possible de la détecter par décapage. C'est peut-être là l'explication de la différence entre le nombre de fosses retrouvées et les constatations de 1979.

1. ADG 1073W24 : feuillet n° 2.

La mémoire comme ciment

Le camp a été « supprimé ». Les gens ont été dispersés. Les baraquements ont été détruits au fur et à mesure que les « hébergés » étaient relogés. Le temps a passé. Les tombes ont été oubliées.

À l'issue de la première opération archéologique, nous sommes allés nous promener dans les allées du camp à la recherche de ce qu'il reste des habitations, seulement des dalles de ciment, et quelques vestiges d'aménagements difficiles à expliquer. La zone appartient toujours à l'armée. Il sert de lieu d'entraînement. J'y reconnais un modèle de FOB (pour « *forward operating base* » en anglais), le même type de base opérationnelle avancée qu'il pouvait y avoir en Afghanistan. Miradors, barbelés, entrée sécurisée aident les légionnaires à gérer une telle fortification. En revanche, le camp des harkis se fait discret. Il n'en reste presque plus rien de visible et la végétation a repris ses droits. L'endroit est bucolique. Bertrand est aux aguets. Il cherche les plantes, nous les décrit et nous fait remarquer les parfums qui flottent dans l'air. Avec le soleil, la chaleur en moins, je suis soudain comme Paul Faure, l'historien de la Grèce ancienne lors de sa première montée à la porte des Lionnes, à Mycènes. « Elle m'a appris, écrit-il, que les archéologues ne ressusciteraient vraiment le passé que s'ils parvenaient à en rendre l'essentiel, je veux dire l'essence, l'âme, l'innombrable et irremplaçable senteur. » Quel tableau olfactif dresserait-on de ce camp si nous avions la possibilité de le faire ? Les odeurs des cuisines ne masqueraient-elles pas la misère et la souffrance ? En tout cas, là, je n'y décèle rien de la souffrance, rien des sentiments passés. En pareille circonstance, je me demande toujours ce que les archéologues percevraient des lieux s'ils les fouillaient. Sans doute pas grand-chose, en tout cas pas l'essentiel.

Dans d'autres contextes, l'archéologie des camps a amené les archéologues à s'interroger sur leur démarche et à mettre en œuvre de nouvelles approches, car ce contexte livre des objets, tous porteurs d'affects, qui ne proviennent pas d'une stratigraphie complexe. Tout est mélangé à la surface du sol. Je pense alors au film d'Andrzej Brzozowski, *Archeologia*, un court-métrage pour être plus précis. Le cinéaste, qui a déjà utilisé la fiction pour narrer le sort dramatique des Juifs, décide en 1967 de filmer la réalité scientifique d'une fouille archéologique menée par des chercheurs polonais de l'Institut d'histoire de la culture matérielle à proximité du Krematorium III du camp Auschwitz II-Birkenau. Il détaille la méthodologie de ces scientifiques avec une précision chirurgicale. La description cinématographique de chacune de leurs étapes incite le spectateur à y voir, à raison, un protocole rigoureux. C'est à ce prix que les archéologues tentent de déchiffrer la nature des objets exhumés et leurs relations, et d'avancer *in fine* leur signification. Pour autant, ces archéologues d'alors, comme nous aujourd'hui, tenaient-ils leurs sentiments à distance ? Il y aura à coup sûr une archéologie de ces lieux. C'est une question de temps. Comment sera-t-elle appréhendée ? Résilience et empathie sont-elles les qualités nécessaires pour pratiquer cette archéologie ? Je me pose la question, moi qui, jusqu'alors, avais tendance à considérer mes interventions comme des actes techniques, comme une accumulation de gestes certes réfléchis, mais détachés de mes émotions. Était-ce le cas ou une armure ? Je ne saurais le dire. Je suis désormais différent.

Dans la Grèce ancienne, il y avait une déesse de la Mémoire. Elle s'appelait Mnémosyne. Fille de la Terre (Gaïa) et du Ciel (Ouranos) d'après Hésiode, un poète grec du VIIIe siècle avant notre ère, elle est la personnification de la *Mnémé* (Mémoire). Elle a donné naissance aux Muses, dont Clio – nom signifiant « qui est célèbre » –, laquelle s'occupe de l'Histoire. Le mythe suffit à nous rappeler l'importance du lien entre Mémoire et Histoire. Les deux font régulièrement l'objet d'instrumentalisations honteuses, sans aucune déesse pour nous en protéger. La France peut en revanche s'enorgueillir d'avoir un ministère des Anciens Combattants et de la Mémoire. Est-ce d'ailleurs une spécificité française d'avoir hissé la Mémoire au plus haut sommet de l'État ? Je me suis souvent posé la question, sans pour autant avoir fait de recherches. Quoi qu'il en soit, j'ai suivi avec intérêt les prises de position de l'actuelle ministre, pour ce cas comme pour d'autres. Je l'ai surtout vue en action, venir écouter, parler aussi – mais moins –, s'intéresser, échanger, mais aussi exiger. Il ne fait aucun doute que nous n'aurions pas trouvé le cimetière du camp de Saint-Maurice-l'Ardoise si elle n'avait pas pris à bras-le-corps la question des harkis. Je l'ai vue passer du temps avec les familles, jusque sur le site même. Coup de communication, me direz-vous ? Je ne peux pas tout révéler, mais je peux vous assurer du contraire. Et sans dévoiler des secrets, je l'ai vue en d'autres circonstances très émue. J'ose dire que cela m'a redonné une certaine foi en l'action politique. J'étais même un peu fébrile au moment de la reconduction du gouvernement en janvier 2024 qui a tardé. Je savais quel rôle elle devait encore jouer dans d'autres dossiers.

Depuis nos recherches, une stèle a été érigée sur le site du cimetière. Je ne l'ai pas encore vue. Sur la route de mes vacances, j'irai avec ma famille. Y figurent le nom des défunts. Plus personne ne les oubliera. Dans l'Antiquité égyptienne, on prononçait le nom du défunt à voix haute. Là, nous les lirons comme je lisais ceux sur le monument aux morts de mon village. Tant qu'il existera un État français, l'emplacement du cimetière sera préservé et entretenu. Il ne disparaîtra pas. Il ne disparaîtra plus.

Au camp de Saint-Maurice-l'Ardoise, il y a ceux qui y sont morts, ceux qui y sont restés une dizaine d'années et ceux qui y ont transité. Parmi eux, de nombreux enfants qui n'en ont aucun souvenir. Ils ne découvrent les conditions de vie du camp que maintenant. Mnémosyne commence tout juste à s'occuper d'eux. Je l'ai vue s'approcher il n'y a pas si longtemps. Durant l'été, dans mon village, Christian et Alice déclenchent avec générosité des soirées impromptues. L'auberge est vraiment espagnole, puisque Christian a encore un pied de chaque côté des Pyrénées. Les habitués se réunissent et refont le monde. La plancha embaume l'air. La Méditerranée n'est pas loin de ce coin du Tarn-et-Garonne. Des groupes se forment. Yasmina est là, souriante, comme toujours. Je ne me rappelle plus comment ni pourquoi nous sommes arrivés à parler des recherches à Saint-Maurice-l'Ardoise. Ses parents ont transité par le camp. Elle y a marché durant un court moment de sa vie. Je la presse de questions. Elle était trop petite. Elle ne se souvient plus, mais maintenant elle sait. Nous nous sommes retrouvés très récemment, encore chez Christian et Alice, là où tout le monde se croise, y compris l'hiver. Nordin est là aussi. Il raconte son retour en Algérie pour l'enterrement de sa mère et les questions de passeport. J'en reviens à reposer des questions à Yasmina au sujet du camp. Elle a interrogé ses parents. Elle tient à transmettre cette histoire. Mnémosyne l'accompagne désormais.

Enterrés comme des chiens ?

« Ils ont été enterrés comme des chiens ! » Cette expression, je l'ai entendue à plusieurs reprises. L'expression est dure. Elle est surtout fausse. D'aucuns ont d'ailleurs dit le contraire arguant du fait que leurs chiens, eux, ils savent où ils sont enterrés. De ce point de vue, ils ont raison. Les défunts du camp de Saint-Maurice-l'Ardoise n'ont pas été enterrés comme des chiens, même si les archéologues savent qu'en Gaule comme en Égypte, à des périodes différentes, des chiens ont fait l'objet d'une attention amenant leurs propriétaires à leur donner une dernière demeure. Pour les morts du camp, l'oubli s'est fait sur la durée. Mais sur le moment, lors des funérailles, tout indique que les défunts ont été traités et déposés avec respect, manifestement selon les règles propres à l'islam. Ça n'enlève rien à la tragédie. Vous pourrez peut-être lire le contraire.

Mais, dans ce cas précis, je m'appuie sur la réalité des données recueillies. Et pour ce cimetière, il est difficile de douter de l'objectivité des observations réalisées ou de leur interprétation.

Pour un archéologue, reconnaître une sépulture n'est jamais le résultat d'une simple constatation. C'est le fruit d'une démarche déductive. Les spécialistes de la question ont l'habitude de s'appuyer sur une définition tirée du *Dictionnaire de la Préhistoire* d'André Leroi-Gourhan : une sépulture est le « Lieu où ont été déposés les restes d'un ou plusieurs défunts, et où il subsiste suffisamment d'indices pour que l'archéologue puisse déceler dans ce dépôt la volonté d'accomplir un geste funéraire[1] ». Il peut également s'agir de la structure constituée à l'occasion de ce geste funéraire. En d'autres termes, trouver des fosses et y attester de la présence d'ossements humains ne suffit pas, loin de là. Ce n'est pas un vestige accidentel.

Dans des contextes archéologiques plus anciens, pour lesquels il n'y a pas de texte, il peut être

1. La définition est de Jean Leclerc et Jacques Tarrête. André Leroi-Gourhan (dir.), *Dictionnaire de la Préhistoire*, Paris, PUF, 1988, p. 963.

compliqué de déterminer la sépulture. Il n'est pas toujours aisé de reconnaître la volonté de réaliser un geste funéraire dans la mesure où elle repose essentiellement sur une interprétation de la fosse, mais aussi, voire surtout, des vestiges qu'elle contient. D'autant qu'il peut être risqué de définir la sépulture en prenant appui sur l'intention qui a présidé à sa mise en place. Les restes squelettiques demeurent toutefois l'argument principal. Pour les périodes reculées, avec des os brûlés ou des prélèvements d'os après le dépôt du corps, ça peut être compliqué. Cependant, pour Saint-Maurice-l'Ardoise, les défunts n'ont pas été abandonnés, mais déposés. L'intentionnalité du dépôt, d'un point de vue archéologique, s'est manifestée par le mode de dépôt normé d'un des deux bébés, retrouvé allongé sur le côté droit, la tête orientée vers le sud et le visage vers l'est, mais aussi par l'aménagement des tombes. Nous avons montré comment certaines étaient maçonnées, avec des matériaux de récupération certes, leur donnant un statut de pérennité. Quant aux pierres retrouvées, placées à la tête et/ou aux pieds, elles étaient des marqueurs évidents aux yeux de tous. Et nous pouvons aussi nous appuyer sur les sources.

Le procès-verbal de la gendarmerie nous apprend que le directeur avait remis le registre se trouvant au fond d'une cantine au colonel commandant le centre d'instruction du génie n° 7 à l'Ardoise. Le maréchal des logis-chef François B. s'en voit remettre une copie par le commandant en second. Il a ouvert une enquête sur ordre de son commandement de compagnie. Le titre du registre est explicite : « Registre d'inhumation provisoire au camp militaire de l'Ardoise ». Il n'était pas prévu que ce cimetière perdure et encore moins qu'il soit abandonné. Quand le gendarme revient, il est recouvert de ronces et d'herbes hautes, et trouve des tombes vides. Il fait quelques photographies à l'appui de ses constatations. On voit bien la végétation envahissante. On lui remet aussi un plan à l'échelle 1/200e du cimetière « tel qu'il était prévu », précise-t-il. Il le joint à son procès-verbal. C'est ce plan que j'ai comparé avec les photographies aériennes afin de vérifier si sa forme et ses dimensions correspondaient avec la clairière. Cette pièce ne confirme pas que le cimetière était provisoire. Mais elle montre la nature du projet tel qu'il avait été envisagé par l'administration du camp. Le plan révèle huit rangées de tombes numérotées. Elles sont toutes rayées, sauf une, la rangée la plus au sud, celle que nous avons retrouvée. Cette dernière est surlignée et est accompagnée d'une mention « partie occupée ». L'emplacement avait été préparé pour recevoir plus de corps. Dans une rigueur toute militaire, ce cimetière avait commencé à être occupé de manière ordonnée. Sans doute les tombes n'ont-elles pas été installées de manière aléatoire, mais de manière continue. Le chiffre 31, à l'ouest de la rangée, signifie-t-il réellement que la rangée a commencé à l'opposé ? Y avait-il réellement trente et une sépultures ? Rien ne permet de l'avérer.

Pour son enquête, le gendarme se déplace dans les mairies de Laudun et de Saint-Laurent-des-Arbres. Dans celle de Laudun, il ne trouve aucune mention de déclaration de décès concernant les individus du registre d'inhumations. À Saint-Laurent-des-Arbres, plusieurs décès avaient été enregistrés en mairie. Le maire de l'époque lui apporte quelques précisions. Je suis obligé de prendre les propos relatés dans le PV tels quels, de croire le maire sur parole. Selon ses souvenirs, « le cimetière a été créé par l'autorité militaire [le registre d'inhumation provisoire comporte le tampon du camp militaire de l'Ardoise] en poste car les cimetières de Saint-Laurent-des-Arbres et Laudun étaient trop petits pour l'apport de population ». Les deux cimetières devaient être agrandis et la régularisation devait se faire alors. Il semble toutefois que certains harkis (le terme du procès-verbal est « Français-musulmans ») ont cependant été inhumés dans le cimetière de Saint-Laurent[1]. Cela semble crédible. En revanche, la suite de l'explication paraît quelque peu alambiquée. Il est clairement stipulé que le cimetière est tombé dans l'oubli à la suite des événements qui ont eu lieu. Mais, seulement quatre années ont passé depuis la prise d'otage et la fermeture du camp qui s'est ensuivie. Surtout, à cet « oubli » du cimetière, on peut opposer que la mémoire des défunts n'avait pas quitté leurs proches. Ainsi, le gendarme reçoit-il en novembre de la même année une demande d'identification, sans que l'on sache la nature de la réponse. En tout cas, tout porte à croire qu'elle n'a pas été suivie d'effet. En outre, il est précisé que les deux maires « héritiers de leurs prédécesseurs » sont disposés à faire transférer les restes humains dans leur cimetière pour les inhumer dans une fosse commune, « aucune famille n'étant présente ». Aucun proche n'était physiquement pré-

1. Le camp se situe à Saint-Maurice-l'Ardoise, mais le cimetière du camp sur la commune de Saint-Laurent-des-Arbres.

sent peut-être, mais des familles étaient connues. Le procès-verbal s'en fait le reflet.

Il est difficile de se prononcer sur la légalité de la proposition qui, fort heureusement, n'a pas été engagée. Quel était le régime juridique du cimetière du camp créé par l'autorité militaire ? La question mérite d'être posée, car aujourd'hui l'initiative de la création d'un cimetière appartient au conseil municipal. Un déplacement vers une « fosse commune », dont le terme est tellement péjoratif qu'on lui préfère maintenant celui de « terrain commun », n'aurait fait qu'ajouter de l'indifférence à l'oubli.

Épilogue

Cet ouvrage n'est pas l'œuvre d'un historien sur un des volets de ce qu'il convient de nommer le « drame harki ». C'est le récit de mon implication dans un des nombreux dossiers qu'il a générés, vraisemblablement l'un des plus singuliers, puisqu'il s'agit d'une recherche archéologique liée aux sépultures harkies oubliées. Sans doute les enjeux mémoriels ont-ils dépassé le périmètre de cette opération, sans qu'ils interfèrent dans la façon dont je l'ai menée à bien. Je suis resté le plus possible au ras du sol, m'y plongeant même pour retrouver les défunts ou ce qu'il en restait, pour m'assurer de leur présence dans la terre. Pour autant, quel que soit son niveau de professionnalisme, je défie quiconque de rester complètement neutre dans ce type d'affaire. Comment ne pas s'émouvoir du sort qui a été réservé aux harkis, à leurs familles et en particulier à leurs bébés, et ce jusque dans la mort ?

Dès lors que je suis devenu l'un des acteurs principaux de cette problématique, peut-être me reprochera-t-on de ne pas m'être assez éloigné, non pas de mon sujet d'étude, mais des gens qui se sont battus pour le faire sortir de l'oubli. Mais j'en suis fier. L'empathie est une force. Elle a ses vertus aussi ; elle permet de puiser dans l'énergie des autres autant que nécessaire. Il n'y a eu dans ce dossier aucun ego mal placé, aucun intérêt particulier qui aurait pu se transformer en tracasseries dites « administratives », comme c'est parfois le cas en France. Le dossier de la recherche de sépultures harkies ailleurs avance, certes trop lentement pour certains dont je fais partie, je l'avoue, mais il avance, indéniablement. Cette recherche liée au camp de Saint-Maurice-l'Ardoise n'en est qu'une étape. Ce processus continuera comme il a commencé, au cas par cas, à l'initiative des descendants des femmes et des hommes sensibles à l'honneur qu'éprouve la France en tentant de réparer le malheur à l'origine duquel elle est et en n'oubliant pas ceux qui ont combattu pour elle. Cet ouvrage a eu pour but de mettre en lumière mes interlocuteurs, du plus haut sommet de l'État jusqu'à ceux qui évoluent au plus près du terrain – puissent m'excuser les personnes qui ont joué un rôle décisif dont je n'aurais pas eu connaissance –, mais c'était aussi l'occasion de présenter le travail d'un archéologue en France au XXIe siècle, loin des images d'Épinal. Ce qui ne signifie pas qu'il est moins intéressant, bien au contraire.

Au moment où je termine cet ouvrage, cela fait deux ans que la découverte du cimetière du camp de Saint-Maurice-l'Ardoise a eu lieu. Une étoile filante dans le ciel des archéologues qui comptent en milliers d'années ou en siècles. Nadia se souvient. Elle me souhaite cet étrange anniversaire. Le chemin parcouru depuis est impressionnant. La presse se fait régulièrement l'écho de la problématique avec les recherches actuelles sur le cimetière effacé du camp de Rivesaltes. J'ai le sentiment qu'une dynamique a été enclenchée sous la surveillance de la société civile. Elle est accompagnée au plus haut sommet de l'État. Les chercheurs s'en emparent aussi. Historiens, archéologues, anthropologues ont légitimement leur place, on le comprend aisément. Mais ce ne sont pas les seuls. Je pense ainsi aux projets de Julie, enseignante-chercheuse à l'université Paul-Valéry-Montpellier-III depuis plus de dix ans. Son domaine concerne les études cinématographiques et audiovisuelles. La femme est dynamique ; la chercheuse est brillante. Comme d'autres, elle m'a invité à Montpellier afin de parler des recherches sur les harkis et de pouvoir énoncer des choses qui ne figurent pas dans les rapports. Du fait de leur caractère officiel, les documents sont trop normés pour laisser une place, même petite, aux sentiments, aux sensations. L'approche de Julie est indispensable. Elle est dans le dossier un élément essentiel de la politique mémorielle envers les harkis. Son travail est également destiné à reconnaître et réparer les violences de cette histoire et à en transmettre la connaissance. Elle a pourtant du mal à se faire une place dans les équipes pluridisciplinaires. Le fait qu'elle travaille sur et avec l'image animée ne joue manifestement pas en sa faveur. Si un jour quelqu'un se fait le héraut des recherches qui ont eu lieu ou de celles encore en cours, je suis sûr qu'elle sera complètement oubliée, à tort. Ce sera dommageable à la pleine compréhension du phénomène. Tout comme ce sera injuste, car je sais ce qu'elle y a apporté. Mais nous allons continuer à travailler sur la question des harkis dont la recherche des cimetières n'est qu'un des aspects. Bien d'autres lieux sont à retrouver, à préserver, à comprendre et à faire connaître.

Les conditions de vie dans le camp et la surmortalité infantile qui en a découlé sont un drame. Tout le monde en convient, fort heureusement. D'aucuns pourraient gloser, tenter de relativiser, mais comment le nier, c'est un fait. Les harkis n'ont pas été accueillis dignement. La République française l'a reconnu officiellement et a présenté ses excuses aux personnes concernées. Mais le point le plus important selon moi, c'est l'oubli des cimetières, manifestations physiques du souvenir figé dans un territoire. En quelques années à peine, le cimetière du camp de Saint-Maurice-l'Ardoise est sorti de la mémoire, « ce passé au présent », comme disait le journaliste François Chalais. C'est la différence avec les nécropoles que mes collègues de l'Inrap et moi exhumons des champs au gré des opérations d'archéologie préventive. Les siècles ont passé. Les témoins ont disparu. Et ces ensembles funéraires ne figurent sur aucun document d'archives. L'extinction de la mémoire met fin au temps funéraire. C'est un processus normal qui s'inscrit sur la durée. Mais dix-sept ans après sa création, malgré des témoins encore vivants, dont le directeur du camp, ce cimetière était déjà à l'abandon. Comment ne pas en voir la raison dans la conclusion du procès-verbal de gendarmerie ? Le gendarme recommande en effet de ne pas trop ébruiter l'affaire qui, selon lui, risquerait d'avoir des rebondissements fâcheux, notamment si l'existence de ce cimetière était portée à la connaissance des militants de la cause des harkis. C'est sans doute pourquoi le cimetière n'a jamais été réhabilité.

Depuis la fin de cette enquête sur le terrain, cette découverte ne m'a jamais quitté. En ce mois de mars 2025, je suis invité à un colloque au Mans sur la tombe de la reine Bérangère. Elle a été inhumée dans l'abbaye de l'Épau, fondée au XIIIe siècle. L'abbaye a un certain charme, mais je suis difficile, celle de Moissac demeure ma préférée. À l'abbaye de l'Épau ont été réunis des chercheurs pouvant éclairer les recherches sur la veuve du roi d'Angleterre Richard Cœur de Lion. Elle a été inhumée en 1230 dans l'église de l'abbaye, dont elle est à l'origine, à un emplacement qu'il a fallu retrouver. En pleine épidémie de Covid, le gisant, sculpture qui la représente allongée sur son tombeau, a été déplacé vers le chœur de l'église, vraisemblablement son emplacement originel, à la suite d'une longue réflexion. À cette occasion, le tombeau a alors été restauré. Ce travail d'orfèvre, impliquant plusieurs corps de métiers, a suscité alors de nombreux questionnements auxquels les études n'ont pas toutes répondu. Celui de la localisation des os de la reine n'est pas des moindres. Pour l'heure, ils n'ont, en effet, toujours pas été retrouvés. Bénédicte Fillion-Braguet, historienne de l'art à l'origine d'une étude exhaustive de cette tombe prestigieuse, et Pauline Ducom, conservatrice des Monuments historiques en charge du contrôle scientifique de sa restauration, ont réuni pendant deux jours des spécialistes de différentes disciplines. Je retrouve avec plaisir ceux que je connais. Je n'en ai pas moins à rencontrer les autres. Nous sommes tous là pour, sinon tenter de répondre aux interrogations qui demeurent, tout du moins apporter notre regard sur les pistes soulevées depuis quelques années. Je suis assis dans le dortoir des moines cisterciens, connus pour leur rigueur ascétique. Sans doute seraient-ils surpris de voir que leurs chambres ont été transformées en salle de conférences. Murielle Gaude-Ferragu nous éclaire sur la mort et les funérailles des reines de France aux XIIIe-XIVe siècles. Je suis admiratif des recherches de cette professeure d'université. Un de ses ouvrages, remarquable, trône en bonne place dans ma bibliothèque. L'intervenant qui suit est un collègue de l'Inrap. Il connaît bien l'abbaye pour y être intervenu. Je l'écoute un peu moins, il est vrai. Je vais passer juste après. Je me répète quelques phrases comme un mantra, celles qui serviront à lancer mon propos ; je n'ai pas de notes. Une petite pause et c'est mon tour. Je monte prudemment sur l'estrade qui surplombe la salle. Je suis chargé de présenter comment on préparait les défunts morts loin de chez eux au Moyen Âge. Le sujet est loin du cimetière du camp de Saint-Maurice-l'Ardoise. Et pourtant, sans savoir pourquoi, je ne me sens pas seul. Je pense à Nadia et aux tombes retrouvées.

ANNEXE

Discours du président de la République à l'occasion de la réception consacrée à la mémoire des harkis

Le 20 septembre 2021, le président de la République Emmanuel Macron a présidé une réception consacrée à la mémoire des harkis au cours de laquelle il a notamment annoncé un projet de loi de reconnaissance et de réparation à leur égard. Il en a également profité pour décorer le général François Meyer, élevé à la dignité de grand-croix de l'ordre national du Mérite, M. Salah Abdelkrim, fait chevalier de la Légion d'honneur, et Mme Bornia Tarall, faite chevalier de l'ordre national du Mérite.

Voici la teneur de son discours dont seul le prononcé fait cependant foi :

Merci à tous les quatre et à vous, Madame la Ministre.

Je ne suis pas sûr que ce que je veux dire soit exactement un hommage aux harkis. Donc, je vais retirer cette plaque. Vous avez rendu hommage vous-mêmes, à vos pères, vos frères. Je vais essayer qu'ensemble, on passe une étape collective. Donc à dessein, je vais enlever cette plaque. Et si j'ai voulu que vous soyez tous et toutes ici réunis, c'est justement parce que je suis convaincu que cette page de notre histoire vaut mieux qu'un hommage, un jour chaque année, qui lui est réservé.

Madame la Ministre, merci beaucoup pour votre travail et vos mots aujourd'hui,
Mesdames et Messieurs les Députés,
Mesdames et Messieurs les Sénateurs,
Monsieur le Grand Chancelier de la Légion d'honneur,
Mesdames et Messieurs les Élus,
Messieurs les Officiers généraux,
Madame la Directrice générale de l'Office national des anciens combattants et victimes de guerre,
Mesdames et Messieurs les Présidents de fondations et associations mémorielles ou d'entraide,
Mesdames et Messieurs les Universitaires, Historiens et Experts, cher Benjamin en particulier, Mesdames et Messieurs,

L'histoire des harkis est grande et douloureuse. Elle est grande parce que c'est une histoire de soldats, une histoire d'honneur, une histoire de Françaises et de Français et l'histoire des Français. Elle est douloureuse, et vos mots à tous les quatre l'ont montré, parce que c'est l'histoire de déchirures. Déchirure entre deux pays, déchirure avec votre terre natale, déchirure avec vos familles restées en Algérie, vos amis, vos langues, vos cultures et traditions, mais toujours déchirure entre Français. C'est la tragédie d'une fidélité bafouée plusieurs fois par les massacres en Algérie, par l'exclusion en France, puis par le déni et refus de reconnaissance.

Votre histoire, c'est la nôtre et elle est désormais bien établie. Elle a été dite, écrite par vous-mêmes, par les témoins, par les historiens, mais elle reste trop mal connue des Français. C'est pourquoi j'ai fixé ce rendez-vous. Ce n'est pas un rendez-vous avec les harkis, c'est un rendez-vous avec la vérité, avec la France, avec une part de nous. Je le dis aujourd'hui, avant la journée du 25 septembre, parce que je sais combien ce que nous sommes en train de nous dire va réveiller de débats multiples édictant notre histoire avec la guerre d'Algérie.

J'assume pleinement que la France reconnaisse la multitude de ces mémoires et de ces destins avec cette guerre. Ces histoires sont parallèles. Elles sont parfois irréconciliables. Elles sont pour certaines incomparables les unes entre les autres. Il nous faut les assumer tous et reconnaître chacune pour pouvoir avancer et vivre ensemble. Je ne jugerai pas devant vous aujourd'hui le choix des dirigeants d'alors, ce n'est pas le rôle d'un président de la République. C'est le rôle des historiens et c'est leur rôle de pouvoir le faire librement. Et je ne sais pas dire ce que j'aurais fait à leur place. Cette guerre d'indépendance pour les uns, civile pour les autres, a bousculé en profondeur notre pays et tant et tant de générations. Il s'est passé alors, entre Françaises et Français, ce décret, entre Athènes et Sparte, celui du silence et du devoir d'oubli pour pouvoir simplement continuer de vivre ensemble, ne plus dire, refuser de se souvenir, d'ouvrir chaque sujet. Vos histoires que vous avez rappelées et vos colères qui s'expriment et continuent de s'exprimer disent combien ces moments, aujourd'hui, nous devons avoir le courage de les rouvrir, de dire et d'assumer, mais sans que cela enlève quoi que ce soit aux autres mémoires, et sans que cela nous conduise à devoir comparer les destins ou avoir un système d'équivalence. Mais chacun doit maintenant savoir s'écouter, reconnaître et donner une place, la place qui lui revient, à chaque mémoire dans la vie de notre nation.

Vos aïeux avaient servi la France pendant la Première Guerre mondiale. Vos grands-pères et vos pères l'avaient servie pendant la Seconde. Vous, ici, parmi nous, cher Serge, ou vos pères, l'ont servie durant la guerre d'Algérie. Et quelles que soient les raisons de leur engagement sous notre drapeau, les harkis ont prêté leurs forces, ont versé leur sang, ont donné leur vie pour la France, entre 1914 et 1918, 39 et 45, 54 et 62. Ils furent près de deux cent mille à porter nos couleurs. Ils étaient interprètes, éclaireurs, pisteurs, guerriers, montaient la garde, tenaient des positions, sécurisaient des points stratégiques, parfois des villages entiers ou des espaces immenses. Ils combattaient. Dans l'Atlas, dans les Aurès, en Kabylie, en ville comme à la campagne, partout en Algérie, les harkis ont rendu des services éminents à la France. Ils ont servi la France. Ils ont tout risqué, leurs biens, leurs vies, celles de leurs familles, et beaucoup ont tout perdu. La France a des devoirs à l'égard de ceux qui la servent et la défendent.

Les harkis ont été, ont toujours été et sont des Français, par le sang versé, les combats choisis et leur naissance, à chaque fois. Or, après la guerre d'Algérie, la France a manqué à ses devoirs envers les harkis, leurs femmes, leurs enfants. Le 19 mars 1962, c'était la fin des combats, le soulagement pour beaucoup, l'angoisse pour tant d'autres, le début du calvaire pour les harkis, la cruauté des représailles, l'exil ou la mort. La plupart n'eurent pas le choix, même s'il est des officiers qui ont tenu leur serment de fidélité à l'égard de leurs hommes. Ce fut le cas du général François MEYER que j'élève aujourd'hui à la dignité de grand-croix de la Légion d'honneur, qui désobéit afin de faire embarquer pour la France des dizaines d'hommes et de familles. Du lieutenant Yves DURAND, qui accompagna sa harka jusqu'à Ongles dans les Alpes-de-Haute-Provence, ou d'André WURMSER, qui défendit les harkis toute sa vie. J'adresse le salut de la France à ces hommes lucides et fidèles. Ils eurent la grandeur d'âme et la bonté de cœur qui manqua alors à notre pays.

Entre l'hiver et le printemps 1962, la France, elle, a tergiversé pour ouvrir ses portes aux harkis avec un premier oui pour une poignée d'entre eux, une dizaine de milliers, puis un refus par peur d'infiltration terroriste d'un bord ou de l'autre, avec interdiction à quiconque de les aider. Enfin, et c'est l'honneur de Georges POMPIDOU, la décision formelle de les accueillir. Il ne s'agit pas ici, comme je le disais, de juger les décideurs d'alors. Ça n'est pas mon rôle. C'est le travail de mémoire et d'histoire, des universitaires et des historiens. Mais les faits sont là. Têtus, cruels. Cet accueil ne fut pas digne et la moitié des harkis rapatriés fut reléguée, parfois des années, dans des camps et des hameaux de forestage. Il y eut même des familles de harkis parqués dans des prisons, oui, des prisons. Ils avaient dû quitter une terre qui était la leur et celle de leurs ancêtres, la terre qui abritait leurs maisons, leurs biens, leurs traditions, la terre où ils avaient construit leur vie et forgé leur espérance parce qu'ils avaient porté les armes de la France. Et voilà qu'ils trouvaient dans ce pays qu'ils avaient servi, notre pays, leur pays, non pas un asile, mais un carcan, non pas l'hospitalité, mais l'hostilité. Les barreaux et les barbelés, les couvre-feux, le rationnement, le froid, la faim, la promiscuité, la maladie, l'exclusion, l'arbitraire et le racisme, au mépris de toutes les valeurs qui fondent la France, au mépris du droit, au mépris de toute justice. Les portes de l'école de la République fermées à leurs enfants, à vos enfants, à vous, au mépris de l'avenir. Ce dont je parle était les années 1960 et 1970, et c'était en France. Ce fut le terrible sort des harkis : exclus, assujettis, empêchés, français, toujours bannis de leur sol natal, bafoués sur leur sol d'accueil.

Pour vous et pour vos familles, ce fut un abandon, un abandon de la République française reconnue depuis 2001, vous l'avez rappelé un instant, et jusqu'aux responsabilités reconnues en septembre 2016. Tous mes prédécesseurs se sont exprimés depuis 2001 sur ce sujet. Et je vous le dis pour la France, la France des Lumières et des Droits de l'homme, ce fut pire. Un manquement à elle-même, à ce qu'elle veut être, à ce qu'elle doit être. Oui, en privant les anciens combattants, leurs femmes, leurs enfants de leurs libertés fondamentales, en n'offrant pas à leurs enfants la même éducation qu'à tous les jeunes Français, en ne voulant pas reconnaître, malgré vos combats, malgré le travail d'histoire et tant de lettres dictées. La France leur a lâché la main et leur a tourné le dos. Face à ceux qui l'avaient loyalement servi, notre pays n'a été fidèle ni à son histoire ni à ses valeurs.

C'est pourquoi aujourd'hui, au nom de la France, je dis aux harkis et à leurs enfants, à voix haute et solennelle, que la République a alors contracté à leur égard une dette. Aux combattants, je veux dire notre reconnaissance. Nous n'oublierons pas. Aux combattants abandonnés, à leurs familles qui ont subi les camps, la prison, le déni, je demande pardon, nous n'oublierons pas.

Depuis, la République s'est ressaisie, elle a reconnu les sacrifices consentis et les souffrances infligées. Le temps des non-dits, le temps du déni étaient révolus. La France s'est engagée au côté des harkis sur la voie de la vérité et de la justice ; elle a agi, voté des lois, aidé, soutenu, entamé un travail de mémoire que nous avons intensifié ces dernières années. Elle honore les harkis et leurs enfants, leur histoire, leur résilience, leur combat.

Et aujourd'hui encore, je remettrai dans quelques instants les insignes de nos ordres nationaux de la Légion d'honneur et du Mérite à M. Salah ABDELKRIM, qui a versé son sang pour la France et qui a été cité deux fois au combat, à Mme Bornia TARALL, fille de harkis qui s'est engagée sans relâche pour la diversité, l'égalité des chances et l'identité.

Il s'agit désormais de réparer autant qu'il est possible ces déchirures : déchirures de l'Histoire, que vous portez dans votre chair. Le souvenir des harkis, l'honneur des harkis doit être gravé dans la mémoire nationale. Cette histoire, nous la racontons, nous l'enseignons, et nous continuerons d'en panser les plaies tant qu'elles ne seront pas refermées, par des paroles de vérité, des gestes de mémoire et des actes de justice.

C'est pourquoi le Gouvernement portera, avant la fin de l'année, un projet visant à inscrire dans le marbre de nos lois la reconnaissance et la réparation à l'égard des harkis. Je m'y engage. Cette loi n'aura pas vocation à dire ce qu'est l'Histoire ou la vérité, parce que je crois profondément que ce n'est pas le rôle d'une loi, c'est le travail des historiens, une fois encore.

Je vous entends depuis tout à l'heure, Madame, parler à voix haute, y compris quand celles et ceux qui défendent vos causes sont là. Et c'est pour cela aussi... Je sais que les colères sont irréconciliables, mais si vous m'autorisez... Madame, ce que ce je veux vous dire... Mais vous êtes là. Mais je sais. Mais ce dont nous parlons aujourd'hui... Mais dans ce que vous exprimez, Madame, ce qu'exprime Monsieur. Oui, mais je ne fais pas de promesses en l'air, mais il y a quelque chose. Venez, venez. Non, asseyez-vous. Ce que je voudrais vous faire comprendre, c'est que, y compris entre vous, ce que vous avez... Mais je sais. Vous êtes là, Madame, et je suis là devant vous. Ce que je voudrais vous faire comprendre, à vous, parce que je vous entends depuis tout à l'heure, Madame, vous vous exprimez à chaque fois que l'un de vos collègues s'exprime. Vous ne m'écoutez pas tellement et vous dites votre colère. Et je vous connais aussi. Mais oui, mais je peux. Je vais finir et je le fais avec beaucoup d'affection et beaucoup de respect. Mais ce que je voudrais vous dire...

Ce qu'il s'est passé et que nous décrivons depuis tout à l'heure qui a été dit que j'essaie d'exprimer avec les mots qui sont les miens, c'est la singularité de ce que vous avez vécu dans l'histoire de France et de la République. Mais cette singularité, elle a été aussi marquée par des divisions profondes. Et le fait, cela m'a frappé à chaque fois que je suis allé au contact de vous sur le terrain, le fait que vous ne vous reconnaissez pas les uns les autres dans vos combats. Mais ce faisant, je le dis très sincèrement et c'est vrai de tous les combats mémoriels qui ont été menés par plusieurs qui sont là et qui portent aussi d'autres mémoires, d'autres combats d'oublis. Chaque histoire est singulière. Ce que vous décrivez, Madame, et qui est bouleversant est singulier. Mais est-ce plus respectable... Non, mais, est-ce plus respectable, plus important, plus fort, plus juste que la douleur de votre voisin de devant ou que celle de Serge CAREL, qui s'est battu et a été abandonné sur le terrain, que d'autres pour justifier de crier plus fort ? Pas forcément. Votre force est aussi dans le respect des mémoires des uns, des autres. Et donc, ce que je voudrais vous faire aussi toucher du doigt, c'est qu'il y a quelque chose d'épuisant pour certains qui mènent vos propres combats et vous défendent de considérer que plus fort que la reconnaissance ou le chemin que nous faisons ensemble et qui ne répare pas ce qui s'est passé et qui ne pourra pas le réparer. Il y a aussi la capacité, à un moment donné, d'essayer d'accepter collectivement que la colère se projette en goût de l'avenir. Il n'y a aucun mot qui réparera vos brûlures et ce que vous avez vécu. Mais il n'y en a aucun, Madame, vous avez raison. Mais il y a par contre, je ne pourrai rien y faire à cela, par des mots, [à] réparer quarante ans, que dis-je, soixante ans de la vie de notre nation. Mais nous devons tous ensemble faire ce chemin, de là où nous sommes, avec les injustices subies pour essayer de réconcilier et d'avancer, et donc pour poursuivre. Je disais que nous porterons, le Gouvernement portera (et Madame la Ministre en orchestrera les travaux) – et je sais que nos députés et sénateurs qui sont ici présents y œuvreront – un texte de loi de reconnaissance et de réparation.

Je le disais, ce texte n'a pas vocation à dire ce qu'est l'Histoire, ce n'est pas le travail d'un texte de loi. Cela fut parfois fait. Je pense que ce n'est pas le rôle d'une loi. Et parce que je ne veux pas non plus qu'on rentre dans une concurrence mémorielle sur ce sujet. Pourquoi ? Parce que je sais très bien ce que vont me dire les rapatriés, les appelés, nos militaires. Ce n'est pas à une loi de... en quelque sorte venir ici faire le lit de l'Histoire, ce n'est pas ça le rôle d'une loi. Ce qui est vrai, c'est qu'il y a une singularité pour ce qui est des harkis. C'est l'abandon militaire et c'est ensuite l'abandon et la maltraitance des familles sur notre sol. Ça, c'est une spécificité. Et donc, la reconnaissance de ces deux faits, qui sont des caractéristiques historiquement établies, qui sont des singularités de la question harkie, doit être mise dans cette loi, et cette loi aura vocation, c'est son objet principal et c'est ce qui justifie un texte de loi, à mettre en place une commission nationale adossée au service de l'Office national des anciens combattants et victimes de guerre et qui supervisera le processus de recueil de leurs témoignages et de réparation.

Sur ce sujet, je serai clair : il s'agit de réparer d'abord pour la première génération et de pouvoir revaloriser les allocations pour les anciens combattants et leurs veuves, c'est un devoir. Pourquoi ? Parce que, là aussi, ils furent moins bien traités que les autres et c'est un fait établi. Ensuite, il s'agit de recueillir les témoignages et de réparer pour la deuxième génération qui a eu à vivre les camps, qui a eu à vivre les hameaux de forestage ou les foyers dans des conditions de vie indignes et l'absence d'accès à l'école pour les enfants. Et je le dis aussi là de manière très claire : il ne s'agit pas d'établir des réparations pour d'autres qui ont vécu dans d'autres situations parce que les cas sont aussi individuels. Il ne s'agit pas d'établir des réparations pour les générations suivantes ou pour des femmes et des hommes qui n'ont pas eu à vivre les mêmes conditions. Parce que sinon, nous ouvririons des situations qui, là aussi, en quelque sorte, ne seraient pas justes par rapport à ce que la République a eu à connaître. Je touche encore du cœur de la singularité aujourd'hui de ce dont nous parlons. Par contre, je pense que cette commission de réparation a vocation aussi à traiter de la question des enfants et petits-enfants pour leur éducation et leur accès à l'égalité des chances.

Vous l'avez dit, aucune réparation pécuniaire ne réparera ce qu'il s'est passé, il y a des réparations à établir parce qu'en l'espèce il s'agit de la République française. C'est aussi une des singularités de la question harkie. Ce n'est pas une parenthèse de notre histoire, c'est la République qui a fait tout ça, jusqu'à récemment, et donc elle doit en assumer les conditions de réparation pour celles et ceux qui ont eu à le connaître. Mais nous devons aussi accompagner dans la formation des enfants et des petits-enfants, les familles qui le souhaitent et aux côtés desquelles nous devons nous trouver.

C'est l'honneur des harkis que de s'être battus pour la France et de s'être pleinement intégrés dans la communauté nationale par le sang, par le travail, malgré les obstacles et les embûches, en lui apportant les richesses, les talents qui sont les leurs. Une harka, littéralement, c'est un groupe mobile. Le harki, littéralement, c'est celui qui avance.

Aujourd'hui, les filles et les fils de harkis sont officiers, sous-officiers, professeurs, historiens, avocats, magistrats, cadres supérieurs, journalistes, diplomates, maires, peintres, écrivains, cinéastes, artisans, commerçants. Ce sont des destins français exemplaires et ils sont notre fierté. Et à cet égard, que l'on m'entende bien ce matin, partout dans le pays, quand on insulte un harki, on insulte la France.

Pendant des décennies, vous avez vécu dans un pays où ce que vous êtes était une insulte et est encore une insulte dans beaucoup d'endroits de la République. Et pendant des décennies, vous avez quitté un sol où l'obsession des dirigeants jusqu'à aujourd'hui était et est encore de ne pas vous laisser revenir, y compris pour vous recueillir sur la tombe de vos parents et grands-parents.

Il y a quelque chose de l'apatride mémoriel et de justice dans ce qui est la condition des harkis. C'est ce qui fait cette singularité dans la République. Et c'est aujourd'hui ce que je veux qu'ensemble nous puissions réparer. Nous ne réparons pas chaque destin. Je le mesure, parce qu'il y a quelque chose d'inconsolable dans ce que vous avez pu vivre chacune et chacun d'entre vous. Mais nous avons à rebâtir pour vous-mêmes et pour ce qu'est la nation française, une justice qui redonne à chacun sa place : la juste part de la mémoire, la réparation de ce qui a été subi, et la juste fierté de ce que vous êtes.

C'est pourquoi c'est l'honneur de la France de reconnaître et de réparer ses manquements, d'accompagner et de soutenir ceux qui l'ont défendue, d'accorder la vérité et la gratitude de la République française à ses enfants qui l'ont servie et qui ont souffert. Enfin ! Mais ce chemin, ce parcours de reconnaissance, continuera à prendre du temps, je le sais. Et il nous faudra beaucoup d'humilité, mais, par cette loi, je veux que nous puissions écrire un moment qui permettra enfin à des familles, des enfants, des petits-enfants d'être reconnus, restaurés dans leur dignité et fiers d'être ce qu'ils sont, d'être français.

Vive la République et vive la France !

Table des matières

« Être archéologue, c'est penser aux gens, s'en soucier, multiplier les rencontres. Elles sont souvent très marquantes. Celles du dossier des tombes oubliées de Saint-Maurice-l'Ardoise n'ont pas dérogé à la règle. Ma vie s'en est trouvée en quelque sorte bouleversée. »

C'est au mois d'avril 2025
que l'équipe de Robert Laffont a achevé la préparation de ce livre,
dont elle a confié la composition et la mise en pages
à nos complices Facompo Montrouge,
et l'impression aux vénérables imprimeries Normandie Roto.
Gloire à eux !

Composition et mise en pages
par Facompo Montrouge

Pour plus d'information :

#lisez! engagé

www.lisez.com

Imprimé sur du papier issu de forêts gérées durablement.

Cet ouvrage a été achevé d'imprimer en mai 2025
dans les presses de Normandie Roto Impression s.a.s.
61250 Lonrai
Dépôt légal : juin 2025
N° d'édition : 68569/01 - N° d'impression : 2502378

Imprimé en France